PRATIQUE RAISONNÉE

DE LA

TAILLE DU PÊCHER.

PRATIQUE RAISONNÉE

DE LA

TAILLE DU PÊCHER

CONTENANT

SA CULTURE, SA MULTIPLICATION,

LES PRINCIPES GÉNÉRAUX DE LA TAILLE ET LEUR APPLICATION

aux formes les plus usitées,

les moyens de restaurer les arbres et de remédier aux maladies et accidents

DONT LE PÊCHER PEUT ÊTRE FRAPPÉ,

ET LA DESCRIPTION DES VARIÉTÉS DE PÊCHES LES MEILLEURES A CULTIVER,

PAR ALEXIS LEPÈRE,

chevalier de la Légion d'honneur,
titulaire d'une médaille d'or décernée par M. le ministre de l'agriculture et du commerce,
membre de la Société centrale d'horticulture de France,
membre correspondant de la Société Linnéenne de Bruxelles,
de la Commission royale de Pomologie belge, etc.

SEPTIÈME ÉDITION

avec huit planches gravées.

A. MONTREUIL-SOUS-BOIS,

CHEZ L'AUTEUR, RUE CUVE-DU-FOUR, 40.

PARIS,

IMPRIMERIE ET LIBRAIRIE D'AGRICULTURE ET D'HORTICULTURE

DE Mme Ve BOUCHARD-HUZARD,

RUE DE L'ÉPERON, 5.

1873.

AVANT-PROPOS

De la première édition.

Né à Montreuil, dont l'industrie principale est la culture du pêcher, fils d'un cultivateur en ce genre, il eût été impossible que je ne m'occupasse pas de bonne heure des soins nombreux dont cet arbre est l'objet, pour en tirer une récolte avantageuse. Le pêcher est donc pour moi une ancienne connaissance avec laquelle je me suis familiarisé dès ma jeunesse. D'abord, imitateur exact des méthodes employées devant moi, je suivais pas à pas les opérations de la taille telles qu'elles se pratiquaient alors. Peu à peu l'habitude d'observer, ainsi que le besoin de me rendre compte et de prévoir, m'ont fait sentir la nécessité d'étudier la circulation de la séve. L'expérience m'ayant démontré ses effets, et mettant à profit les améliorations successives introduites par les cultivateurs intelligents, j'ai compris quels étaient les moyens dont il fallait s'aider pour gouverner à son gré la végétation incessante du pêcher. Devenu capable de faire naître à volonté les branches à bois et d'assurer le remplacement régulier de celles qui portent les fruits, il ne me restait plus qu'à rechercher la forme la plus convenable à la longévité et à la production du pêcher.

A cette époque, un cultivateur que la mort nous a enlevé récemment dans la force de son âge avait profondément modifié la formation en usage à Montreuil. En effet, en **1825**, les pêchers de *Charles-Étienne Bausse*, dont je veux parler, étaient dans la plus grande beauté. Ce confrère, qui appartient à la famille à laquelle nous devons déjà le perfectionnement de la variété de grosse mignonne connue sous le nom de *Belle Bausse*, a le premier formé des pêchers carrés; seulement il leur avait donné cinq branches secondaires inférieures et cinq supérieures. Il avait reconnu bientôt lui-même que ce nombre excédait ce qu'il était rationnel de laisser à un pêcher, et qu'il serait difficile de l'entretenir longtemps sous la charge d'une telle production. Il n'en est pas moins le véritable inventeur de l'espalier carré, et c'est un hommage que je me plais à lui rendre avec tous ses collègues de Montreuil.

En imitant plus ou moins bien son travail, avec le soin de le modifier dans les défauts admis par l'auteur même, un autre cultivateur de notre pays, à qui la Société d'horticulture a décerné une médaille en **1832**, *M. Malot*, a également dressé des pêchers en espalier carré, en chargeant chaque aile de six branches secondaires seulement, trois en dessous et trois en dedans. Cette disposition, qui me parut favorable à une bonne répartition de la séve, me plut infiniment ; et, sans m'effrayer des dangers qu'on m'exagérait peut-être à dessein, je résolus d'élever des pêchers ainsi, et j'aurais plus tôt réalisé cette intention, si mes jardins, garnis d'arbres encore en produit, ne m'en eussent empêché. Enfin, ayant acquis un terrain neuf, je me décidai aussitôt à consacrer une côtière, exposée à l'est, à l'éducation d'une douzaine de pêchers auxquels je me proposai de donner la forme carrée.

Cette entreprise a parfaitement réussi, et parmi ces arbres, tous à peu près beaux, il en est qui ne laissent rien à dire, rien à désirer.

La Société royale d'horticulture de Paris, soigneuse de rechercher le mérite pour lui accorder les distinctions par lesquelles elle l'encourage, a bien voulu m'accorder une médaille d'argent pour ces mêmes pêchers alors âgés de quatre ans, et surtout pour la restauration parfaite de plusieurs espaliers qu'une commission est venue visiter en son nom. Ce succès, dont je suis fier, me fit redoubler de zèle et de soins. Bientôt la réputation de mes arbres, à peu près les seuls de forme carrée achevée qu'on puisse voir présentement à Montreuil, M. Malot n'ayant pas continué les siens, m'attira un grand nombre de visiteurs, et je pus juger, par l'empressement que des personnes de tous rangs mettaient à venir les voir, combien la culture du pêcher trouve d'amateurs en France, combien est enracinée dans l'esprit public la pensée que la conduite de cet arbre est d'une difficulté extrême.

Les compliments dont mes cultures étaient l'objet m'ont peut-être donné à croire qu'elles avaient un mérite plus grand qu'il ne l'est en réalité, et, comme la méthode de taille que j'ai suivie paraissait plaire à tous ceux qui l'examinaient, je pensai à la publier.

Plusieurs motifs m'engageaient à réaliser cette pensée, dont je sentais toute la difficulté pour un homme qui, comme moi, instruit par la nature, comprend mieux ses opérations qu'il n'est en état de les expliquer. Les sollicitations des personnes qui m'honoraient de leur visite, et qui me demandaient des explications interminables qu'il fallait renouveler souvent plusieurs fois par jour, parce que les visiteurs ne se donnaient pas rendez-vous à la même heure, et la nécessité pour moi, dont le travail est toute la fortune, de ne pas perdre un temps précieux pour accompagner les amateurs qui voulaient voir mes pêchers situés sur une côtière assez éloignée de mon domicile, telles sont les raisons qui appuyaient ma détermination. Enfin, ayant trouvé un interprète capable de bien rendre ma pensée, je me suis hasardé à livrer ce travail à l'impression. Je le fais moins pour satisfaire un sentiment d'amour-propre, dont, au reste, il n'y aurait point à rougir, que pour éclairer précisément l'opération de la taille et celles qui, lui étant accessoires, en modifient et complètent l'effet, en même temps que pour me soustraire à l'obligation de répondre à toutes les questions qui pourraient m'être faites, et auxquelles, je l'espère, mon ouvrage satisfera pleinement. Toutefois, comme je serais fâché que ce que je viens de dire empêchât les amateurs de venir examiner mes arbres, je m'empresse de déclarer que, pendant la saison de leur végétation, je serai toujours disposé à les leur montrer *le mercredi de chaque semaine, de 10 heures du matin à 5 du soir.* Je pense, par ce moyen, concilier mes intérêts avec la juste curiosité des personnes qui seraient bien aises de se convaincre que l'exécution sur le terrain répond aux explications publiées.

J'aurais pu peut-être, en m'appuyant sur les écrits déjà existants et qui ont eu le pêcher pour objet, traiter de toutes les formes auxquelles on a eu l'idée de soumettre cet arbre et en faire un examen critique; mais j'ai cru devoir borner ma publication aux connaissances qui me sont spéciales. C'est pourquoi je ne traite que de la forme carrée, et de celle à la Montreuil dont on parle partout, et dont cependant je n'ai vu aucune description exacte dans les quelques ouvrages que j'ai eu l'occasion de parcourir; c'est pourquoi aussi je n'ai décrit que les variétés de pêches qui me sont connues, et dont la maturité successive remplit convenablement la saison pendant laquelle nous pouvons jouir de cet excellent fruit. J'ai indiqué, en outre, les moyens de rajeunir et de restaurer des pêchers épuisés ou mutilés par une cause quelconque, et les remèdes à employer contre les maladies les plus fréquentes, et les accidents que ces arbres peuvent éprouver par suite d'intempéries, ou des attaques des insectes et animaux nuisibles.

Au reste, les explications dont il m'a fallu faire précéder et accompagner la formation du pêcher en espalier carré sont applicables à quelque forme qu'on veuille donner à la charpente, et il faudra toujours, pour la création des branches à bois comme à fruit, observer exactement les principes que j'ai posés. Sous ce rapport, j'ai la conviction que mon travail sera utile à toutes les personnes cultivant les pêchers, et j'ose même affirmer qu'on ne peut les négliger qu'en compromettant l'équilibre de forces dans l'arbre, en diminuant sa fécondité et limitant son existence.

J'ai accompagné mes explications des planches nécessaires gravées d'après les dessins faits par mon fils sur les modèles vivants dans mes cultures, et qu'on y pourra voir encore longtemps, puisque la plupart de mes arbres viennent de prendre neuf ans. J'ai, au reste, l'intention d'avoir une série d'arbres de divers âges, pour servir de modèles à la taille, et je me propose d'en entretenir constamment un certain nombre de deux à trois ans pour être en mesure d'en fournir aux amateurs qui seraient curieux d'en avoir de cette forme, et qui, en les achetant à cet âge où leur reprise est encore assurée, n'auraient pas à attendre pour entrer en jouissance.

Je n'ai rien déguisé des procédés que j'emploie; nous ne sommes plus, d'ailleurs, au temps des secrets. Je désire que mon ouvrage mérite le suffrage des connaisseurs et devienne utile à tous, pour démontrer l'erreur de ceux qui ont prétendu que les Montreuillois étaient restés stationnaires. Au contraire, depuis l'exemple donné par Girardot, qui, sous le règne de Louis XIV, refit sa fortune en cultivant le pêcher, cette culture a toujours été en progrès dans notre pays, et je m'estimerais heureux si mes faibles travaux pouvaient ajouter quelque chose à la réputation justement méritée de Montreuil.

AVANT-PROPOS

De la deuxième édition.

L'accueil que le public a bien voulu faire à ma première édition me donne plus d'assurance pour celle-ci; d'ailleurs, ce succès a été pour moi un motif de la revoir avec plus de soins, parce que j'aime à mériter ce qu'on m'accorde.

Mon ouvrage a été critiqué; c'est une preuve qu'il tenait sa place, on ne critique pas ceux qui meurent en naissant. En général, les critiques ont été sévères, plus partiales que justes, chez quelques-uns le bout de l'oreille perçait.

Les amis de l'horticulture m'ont fait diverses observations et donné plusieurs conseils; je les en remercie, ils ont jugé mon livre utile, ils le voudraient parfait.

Toutefois la perfectibilité n'est pas de ce monde, je n'y prétends pas, malgré que j'aie examiné sans mauvaise humeur les critiques qui m'ont été adressées, et que j'aie fait mon profit des avis qui m'ont été donnés. Dans tout cela, j'ai remarqué que la lumière ne vient pas toujours du point d'où l'on croit devoir l'attendre. Ainsi c'est beaucoup plus aux questions qui m'ont été adressées par les commençants, durant les leçons de mes cours, que je dois de m'être aperçu des omissions et défauts de mon livre, qu'aux discussions savantes dont quelques-unes de ses parties ont été l'objet.

J'ai mis à profit le temps qui s'est écoulé depuis ma première publication; j'ai pris note des résultats utiles dont ma pratique continuelle m'offrait la confirmation; j'ai vu, dans mes conversations avec les amateurs, les points qui les embarrassaient le plus, je me suis efforcé de les éclaircir. Malgré tous mes soins, il y aura encore à critiquer. Ce qui me console, c'est que de plus savants y donnent au moins autant de prise que moi. J'aurais pu en dire long à ce sujet; je me suis contenté de repousser par les faits et le raisonnement les assertions erronées sur lesquelles on s'est appuyé pour me combattre.

J'avais osé, dans mon premier travail, mentionner comme certains deux faits importants dans la végétation du pêcher, à savoir *le percement d'yeux sur le plus vieux bois, et la réussite des fleurs et des fruits sur une petite branche dépourvue d'œil de pousse.* Ces deux assertions m'ont valu anathème sur anathème; elles ont aujourd'hui la force de la chose jugée : les rapports et les procès-verbaux des sociétés horticoles en font foi. Il fallait bien se rendre à l'évidence, la nature avait parlé en ma faveur.

Promoteur de la forme carrée pour le pêcher, que je considère toujours comme la plus favorable, j'avais néanmoins dit que cet arbre pouvait devenir ce que voulaient des mains habiles. J'ai dû en donner des preuves; mon espalier en palmette à cordons horizontaux et mon pêcher en candélabre en fournissent de vivantes.

Un autre que je conduis en ce moment sous la forme d'une double lyre en sera le corollaire.

Tout en donnant la préférence à la forme carrée et en indiquant quelques défauts de la méthode de Montreuil, je n'ai jamais conseillé de l'abandonner. Je ne le pouvais pas en présence des beaux exemples créés par les dignes successeurs de notre Pépin : les Mozard et les gendres de Mériel. On peut voir chez M. Lebour, l'un de ces derniers, des espaliers devant lesquels les amateurs admirent. Je pourrais citer les Chevraux, les Vitry et beaucoup d'autres cultivateurs recommandables, dont les travaux auraient dû arrêter les critiques amères qui ont pour but d'accabler la taille à la Montreuil. J'ai dû la défendre, et en même temps j'ai indiqué quelques perfectionnements qui me paraissent importants, et que j'applique dans mes cultures aux arbres dirigés sous cette forme. Les personnes qui croiront ne pas pouvoir réussir à faire des pêchers carrés pourront essayer ainsi la méthode à la Montreuil, et j'ose affirmer qu'elles en seront satisfaites.

Je reviens à la forme carrée. Les arbres qui existaient en 1841 sont encore là pour attester la valeur de cette forme ; ils n'ont jamais été plus beaux à aucune époque. C'est un avantage qui m'est particulier, de pouvoir mettre sous les yeux de tout le monde les pêchers formés par moi et selon ma méthode. Je ne vois, de ceux qui veulent être les grands maîtres de la taille de ces arbres, aucun échantillon de leurs systèmes. Ainsi, le pêcher à la *Dumoutier*, vanté par M. le comte Lelieur dans sa *Pomone*, et qui, soit dit en passant, pourrait porter un autre nom, car M. Dumoutier n'en est que le continuateur et non le créateur, fut formé de 1806 à 1815, et mourut en 1819. Je n'en connais nulle part sous cette forme. Quant à la figure des pêchers en palmette donnée par le même auteur comme une réminiscence, elle pourrait plutôt avoir été inspirée par la vue des miens, car personne n'a connu ceux que M. le comte Lelieur prétend avoir dessinés.

Je n'ai pas eu l'avantage non plus de voir les pêchers formés selon la méthode de M. d'Albret ; je ne connais également personne qui m'ait dit en avoir vu. Cependant cette taille si préconisée par lui, et qui paraît être un résumé des leçons du célèbre André Thoüin beaucoup plus que sa propre création, a été publiée pour la première fois en 1829. Elle n'a pas fait de prosélytes parce que l'auteur n'a pas pu montrer de modèles vivants, et en vérité il est impossible de comprendre ses démonstrations dans l'obscurité de son texte, dont aucun renvoi ne s'accorde avec les indications des planches. A défaut d'exemples en nature, on ne peut apprécier ce système que par l'examen de la planche 3 *bis* de sa cinquième édiion, dont, bien entendu, il n'est pas dit où existe le modèle. En comparant cette planche à celle du n° 3, on voit de suite que M. d'Albret a singulièrement modifié sa méthode. Dans la planche 3, on trouve des branches de bifurcation sur les membres inférieurs; on en chercherait vainement les traces sur les branches secondaires du dessous de l'arbre dans la planche 3 *bis*. Là elles sont représentées absolument semblables aux trois secondaires du dehors des pêchers formés par moi. Cette planche montre, pour la première fois, que le dessous de son arbre est composé d'une branche secondaire palissée verticalement, et de trois branches tertiaires insérées sur cette secondaire et palissées parallèlement à la branche mère. Les pointes de toutes ces branches affectent la forme carrée, tandis que, dans la planche 3, celles des inférieures, qui existent seules, sont disposées en éventail.

Si mon livre n'a pas échappé à la critique, mes arbres ont été plus heureux. Je me trompe, la prévision infinie de M. le comte Lelieur y a découvert un vice important. Il a dit qu'en *supposant* que je réalise la forme que j'offre pour modèle (c'est une supposition bien gratuite, puisqu'il a vu de ses yeux mes arbres carrés achevés), la création simultanée des trois branches secondaires supérieures devait entraîner le dépérissement immédiat des membres inférieurs. Je renvoie M. le comte aux moyens que j'emploie pour les conserver, et à mes pêchers eux-mêmes qui témoignent de leur efficacité.

Fidèle à ma pensée qui me paraît incontestable, que le pêcher peut devenir tout ce que l'on veut, je ne trouve pas une grande importance à créer une forme plutôt qu'une autre ; néanmoins celle qui maintient un équilibre constant de forces et donne, sans fatiguer un arbre, la récolte la plus abondante, doit être la préférée. Le point essentiel, pour obtenir ce dernier avantage, est que les branches de la charpente ne forment pas, les unes avec les autres, des angles trop aigus à leur attache, parce que les petites branches ne peuvent être logées. C'est la forme carrée qui remplit le mieux cette condition.

Mais le grand art, dans la taille du pêcher, consiste uniquement dans la connaissance parfaite des moyens par lesquels on forme à volonté les branches de la charpente, et plus particulièrement encore de ceux qui permettent de créer et entretenir les productions fruitières dont on garnit leur arête. Je crois, sous ce point de vue, être le plus clair de tous ceux qui ont écrit sur le pêcher, et, quelque forme que l'on adopte, si l'on veut bien faire, il faudra suivre ponctuellement mes indications.

Au surplus, je n'ai rien réservé de mes procédés pratiques ; j'ai dit tout ce que je sais et tout ce que je fais. De plus, j'ai consacré tous les jeudis à la démonstration de ma méthode, et je me flatte (c'est un défaut inhérent à l'espèce humaine, et on me pardonnera) d'être pour beaucoup dans le perfectionnement de la taille du pêcher, par les cours que j'ai ouverts.

En terminant, je dirai encore que j'ai fait tous mes efforts pour rendre mon travail meilleur. Explications plus détaillées, notes, vocabulaire explicatif et table alphabétique, voilà pour le texte. Quant aux figures qu'on a critiquées, sous le rapport des petites branches qu'elles n'avaient pas pour objet de représenter, elles ont été dessinées et gravées de nouveau pour, autant que possible, ne rien laisser à désirer. Je pense qu'on en verra la preuve dans la planche 4, que mon fils a exécutée sur la nature vivante, et que le graveur a reproduite avec un grand soin de précision. Enfin trois nouvelles figures ont été ajoutées pour représenter la taille à la Montreuil, les pêchers en palmette à cordons horizontaux, et un pêcher en candélabre.

Si j'ai mis quelque amour-propre à tout ceci, c'est pour répondre, comme le doivent des Montreuillois, aux assertions mensongères débitées sur la décadence de la taille sur leur territoire. J'ai désiré me placer dans les rangs de ceux dont les beaux travaux soutiennent dignement la vieille réputation de Montreuil.

AVANT-PROPOS

De la troisième édition.

Mes deux précédents avant-propos me permettent de rendre celui-ci très-court.

Je n'aurais même rien eu à dire, si M. le ministre de l'agriculture et du commerce n'avait pas récompensé mes travaux en m'honorant d'une grande médaille d'or. Un pareil encouragement était bien fait pour exciter mon zèle ; aussi ai-je mis tous mes soins à introduire dans mon travail les améliorations dont il m'a paru susceptible. C'est ainsi que, sans énumérer tous les changements et additions que cette nouvelle édition a reçus, j'ai décrit les formes en U et en lyre, et fait graver la figure de cette dernière telle qu'elle existe dans mes cultures, où l'on peut encore voir tous les arbres carrés et autres qui ont servi de modèles aux premières gravures de l'ouvrage.

Je continuerai à donner chaque année, comme je l'ai fait précédemment, des leçons de taille, où je m'efforce de démontrer tout simplement ma manière d'opérer sur le pêcher, afin de populariser, autant qu'il est en moi, la culture de cet arbre précieux.

Je serais véritablement indigne du bienveillant accueil que le public fait à mon ouvrage, si je ne déposais pas ici l'expression de ma vive reconnaissance. Je suis heureux des témoignages d'approbation que je reçois journellement des amateurs de pêchers, et je les en remercie sincèrement.

AVANT-PROPOS

De la quatrième édition.

Dans l'avant-propos de ma précédente édition, j'ai fait part à mes lecteurs de la grande médaille d'or que M. le ministre de l'agriculture m'a décernée pour récompense de mes travaux ; aujourd'hui j'ai à leur dire que, le 10 janvier dernier, j'ai reçu la décoration de la Légion d'honneur, dont l'Empereur a daigné m'honorer, faveur insigne qui, en comblant mes vœux, a glorifié dans ma personne le travail, unique recommandation que j'avais.

Aujourd'hui que, grâce à mes efforts et à la publication de mon ouvrage, la taille du pêcher devient plus familière au grand nombre d'amateurs de cet arbre, je pense que cette édition, revue, corrigée et augmentée de diverses formes (dont le pêcher Napoléon accompagné de sa figure gravée), recevra un accueil égal à celui qu'ont reçu les précédentes.

Je l'offre donc avec une entière confiance au public, que je ne peux trop remercier, et je continue à lui annoncer que mon cours de leçons sera fait tous les dimanches et les mercredis, de dix à cinq heures, depuis le mois de janvier jusqu'à celui de septembre; tous les autres jours de la semaine, on trouvera mon premier garçon, qui fournira les renseignements nécessaires, et ceci dans le but de populariser la culture de cet arbre si précieux.

AVANT-PROPOS

De la cinquième édition.

Les deux récompenses si flatteuses qui ont été accordées à mon travail, et que j'ai eu l'honneur de recevoir des mains de l'Empereur et de M. le ministre de l'agriculture, du commerce et des travaux publics, ainsi que je l'ai annoncé dans l'avant-propos de la précédente édition de mon livre; ces deux récompenses, dis-je, établissaient pour moi une obligation de chercher à perfectionner mon œuvre, afin d'être aussi utile que possible aux horticulteurs; je me suis efforcé d'y parvenir, et je présente ici l'indication des améliorations que j'ai introduites dans cette cinquième édition de la *Pratique raisonnée de la taille du pêcher*.

L'une des premières a été la révision du texte : je me suis attaché à rendre plus clairs, plus intelligibles pour les garçons jardiniers quelques passages qui m'avaient été indiqués comme difficiles à être compris par les commençants; je me suis, à cet effet, appuyé des conseils bienveillants qui m'ont été donnés, principalement par mes élèves, par des amateurs de jardinage et par des collègues de la Société centrale d'horticulture de France.

J'ai donné quelques indications nouvelles pour les modes d'appuis sur les murs des pêchers en espaliers.

La principale augmentation qu'a comportée cette édition est l'indication d'une nouvelle forme que j'ai désignée sous le nom de pêcher en U simple et pêcher en U double : on en trouvera la description § 277 et suivants. J'ai reconnu que cette forme était bien préférable à celle qui a été préconisée, dans ces derniers temps, par des professeurs d'arboriculture, sous le nom de *Pêcher en coup de vent* ou *forme oblique*. J'aime à croire que les horticulteurs verront, comme moi, les avantages de cette forme en U, et qu'ils apprécieront les raisons que j'ai données pour son adoption. (V. § 227***.)

Pour ne point faire de confusion entre cette nouvelle forme et celle que j'avais décrite dans la quatrième édition de mon livre sous le nom de pêcher en U, j'ai été obligé de changer le nom de cette dernière forme, en adoptant, du reste, la désignation qui lui était donnée par quelques amateurs : on la trouvera donc décrite, dans cette cinquième édition, sous le nom de *palmette double*.

Les diverses variétés de pêches ont été rangées dans l'ordre de leur maturité, ce qui n'avait point eu lieu dans la précédente édition : j'y ai ajouté la description d'une nouvelle variété, la *reine des vergers*, dont je ne saurais trop recommander la culture aux amateurs. Si la chair de cette pêche n'est pas la plus fine que l'on puisse rencontrer, elle a d'autres qualités qui la rendent précieuse dans un jardin bien entretenu.

Je désire que le public puisse, dans l'indication de ces additions à mon livre, se convaincre de mon désir de contribuer aux progrès de l'horticulture, et de le remercier du bienveillant accueil qu'il a fait à mes précédents travaux.

AVANT-PROPOS

De la sixième édition.

En publiant la sixième édition de mon ouvrage, je crois devoir de nouveau remercier le public horticole de l'accueil qu'il a fait à mon travail ; depuis plus de trente années que je me suis livré spécialement à la culture du pêcher, mes efforts ont toujours tendu à faire connaître et à vulgariser les meilleurs procédés pour obtenir de bonnes récoltes de cet arbre précieux pour l'alimentation publique. Je désire qu'on en voie la preuve dans les études que j'ai entreprises pour classer les pêchers d'après leur époque de fructification, études dont on trouvera un aperçu sommaire à la fin de cette sixième édition.

AVANT-PROPOS

De la septième édition.

La septième édition de mon ouvrage, que je publie aujourd'hui, est pour moi une nouvelle occasion de remercier le public horticole : c'est afin de pouvoir le mettre entre les mains des amateurs et des jardiniers pour la prochaine saison, que je me hâte d'en faire faire une prompte réimpression. Le succès des six premières éditions était pour moi un témoignage d'estime trop flatteur pour que je ne me regarde pas comme obligé de leur donner les moyens de consulter mon travail.

Montreuil, février 1873.

Je continuerai mes cours de taille, comme les années précédentes, les dimanche et mercredi de chaque semaine, de dix heures du matin à cinq heures du soir, depuis janvier jusqu'en septembre. Les autres jours de la semaine, on trouvera mon premier garçon, qui fournira les renseignements nécessaires.

Les personnes qui désireront avoir des cours particuliers sont priées de m'en avertir quelques jours à l'avance.

PRATIQUE RAISONNÉE

DE

LA TAILLE DU PÊCHER.

---

1. Quoique le but principal que je me propose soit plus particulièrement de faire connaître les meilleurs procédés à employer pour former des pêchers carrés, j'aborderai néanmoins quelques autres tailles. Je dois donc entrer dans les détails qui me paraissent indispensables pour guider convenablement les personnes qui désirent gouverner le pêcher selon leurs volontés. Ceci me conduit à commencer par décrire l'arbre dont je veux démontrer la taille.

SECTION Ire. — CONNAISSANCE DU PÊCHER

1. *Description du pêcher.*

2. Le PÊCHER, *Amygdalus Persica*, de la belle famille des rosacées de JUSSIEU, ne s'élève pas à une grande hauteur, même sous le climat qui lui convient le mieux. Son écorce, sur le bois vieux, est grisâtre et un peu rugueuse; elle est lisse, teinte de rouge du côté frappé par le soleil, et verte à l'ombre, sur les bourgeons; elle est d'un pourpre plus foncé sur les rameaux et les petites branches d'un an. Ses feuilles sont alternes, lancéolées-pointues, plus ou moins finement et profondément dentées, d'un vert frais toujours plus intense en dessus qu'en dessous. Le pétiole est court, gros, canaliculé, vert, quelquefois pourpré, se prolongeant

en une nervure médiane, saillante en dessous, et formant, en dessus, un sillon peu profond. Ce pétiole est, à son sommet, garni de glandes globuleuses ou réniformes, selon la variété; dans quelques-unes, il en est entièrement privé. Les nervures transversales sont alternes entre elles, se prolongeant jusqu'aux bords, où elles se ramifient, et entre lesquelles règnent de très-fines et plus courtes nervures. Ces feuilles sortent des bourgeons pliées en deux dans le sens de leur longueur. Chaque gemme en développe une, deux ou trois, rarement plus; lorsqu'il y en a trois, celle du milieu est toujours la plus grande. Si on les froisse entre les doigts, elles exhalent une forte odeur d'amande.

3. L'appareil floral se compose d'un calice capuliforme, caduc, à cinq divisions obtuses, d'un vert ordinairement pourpré, d'une corolle à cinq ou quelquefois six pétales alternant avec les divisions du calice, et d'un rose plus ou moins intense; de vingt à trente étamines à filets déliés plus courts que les pétales, droits, blancs ou roses, attachés aux parois internes du calice, à anthères ovoïdes, et d'un style simple, terminé par un stigmate en tête, obtus et superposé à l'ovaire.

4. Le fruit est drupacé, charnu, succulent, à peau duveteuse ou lisse, à chair adhérant au noyau ou s'en détachant facilement. Le noyau, qui en occupe le centre, est généralement gros, très-dur, un peu comprimé et creusé à sa base, pointu au sommet, bordé d'un côté par un renflement longitudinal saillant, et à l'opposé par une rainure à l'aide de laquelle on ouvre facilement le noyau avec une lame de couteau. Sa couleur en dehors est, selon la variété, le brun, le gris clair ou le rouge foncé. Il est plus ou moins profondément rustiqué ou sillonné irrégulièrement; l'intérieur est lisse, et renferme une amande ovale, pointue, comprimée, se partageant en deux lobes, et couverte d'une enveloppe de couleur marron plus ou moins prononcée.

5. La grandeur des fleurs, leur nuance plus ou moins foncée ; le duvet qui couvre la peau du fruit, ou son absence ; l'état de fermeté ou de succulence de la chair, son adhérence au noyau, ou la facilité avec laquelle elle s'en détache ; la forme et le nombre des petites glandes qui apparaissent constamment à la base de la feuille, près du pétiole dans certaines variétés, et leur absence également constante chez d'autres, sont autant de caractères qui servent à distinguer entre elles les diverses et nombreuses variétés de pêches. J'aurai soin de les indiquer lorsque je ferai connaître les pêchers dont je recommanderai la culture exclusive comme pouvant satisfaire à toutes les exigences.

2. *Mode de végétation du pêcher.*

6. Le pêcher, planté dans les conditions qui lui sont favorables, pousse vigoureusement, et sa végétation est très-active depuis les premiers beaux jours du printemps jusque vers le 15 octobre. Sa puissance végétative est telle, que durant cet espace de temps il émet continuellement de nouvelles productions ; ce qui oblige à une surveillance incessante et raisonnée, si on veut le bien conduire et s'opposer, en temps opportun, au développement de celles qui s'éloignent du but qu'on se propose.

7. Dès que le printemps fait sentir sa douce influence, les gemmes ou boutons se gonflent, et bientôt les fleurs s'épanouissent, tandis que les feuilles plus tardives sont encore retenues dans leur enveloppe. Ensuite les boutons à bois entr'ouvrent leurs écailles, et les bourgeons s'élancent pour devenir, l'année suivante, des rameaux plus ou moins allongés.

8. De mai en août, les feuilles, arrivant successivement à l'état adulte, deviennent d'un tissu plus serré, et conséquemment absorbent moins de séve. Celle-ci, qui continue

à affluer, fait effort pour s'ouvrir de nouveaux débouchés, et produit, à l'aisselle des feuilles, des boutons ou gemmes qui restent stationnaires ou se développent en faux bourgeons, en plus ou moins grande quantité, selon l'époque de leur formation, la durée de la belle saison et la vigueur de végétation qui règne dans le pêcher.

9. Ces nouvelles productions, très-visibles à la chute des feuilles, sont les germes sur lesquels se fonde l'espoir des récoltes futures; il est donc fort important de les connaître, et c'est pourquoi je vais entrer dans les détails qui suivent.

10. A. — *Des boutons ou gemmes.* Ce sont les enveloppes renfermant les rudiments des bourgeons et feuilles, et des fleurs et des fruits. Ils sont coniques et couverts par de petites écailles imbriquées, plus ou moins coriaces, et qui ne sont autre chose que des feuilles avortées et durcies par le contact de l'air, de manière à garantir des intempéries de l'hiver les tendres productions qu'elles recouvrent. Ils restent dans cet état aussi longtemps que dure le repos de la séve provoqué par l'abaissement de la température, et ils continuent à croître lorsqu'au retour de la chaleur la séve s'élève de nouveau jusqu'aux sommités de l'arbre. Beaucoup de jardiniers se servent du mot *œil* pour dire la même chose, et je les imiterai souvent.

11. Si l'œil ne reçoit pas un aliment convenable, il peut rester longtemps inactif ou stationnaire; il se nomme alors *œil expectant.* Presque toujours il sort de cet état d'attente par l'influence de la taille qui cherche à l'utiliser, ou, à son défaut, par une affluence naturelle de séve qui vient mettre fin à sa langueur; autrement, il peut s'annuler et s'éteindre tout à fait.

12. L'œil est ou bouton à bois ou bouton à fruit; il importe, pour les opérations de la taille, de le bien connaître sous ces deux états. Cependant je dois faire remarquer ici

que, relativement au pêcher, la nature de l'œil n'est, à proprement parler, jamais douteuse pour un homme exercé. En effet, sa forme, la place qu'il occupe, l'âge du bois sur lequel il se montre, tout concourt à faire reconnaître la fonction qu'il est appelé à remplir; mais, pour les personnes qui ont peu d'habitude de cet arbre, il est utile d'entrer dans de plus grands détails.

13. Le *bouton à bois*, *a*, *fig.* 1, *pl. I*, est l'enveloppe d'un bourgeon. Il est couvert d'écailles imbriquées d'un rouge brun. Sa forme est ordinairement celle d'un petit cône plus ou moins pointu ; lorsqu'il naît dans l'aisselle d'une feuille, il est toujours un peu comprimé. Les boutons à bois, que l'on nomme aussi, à Montreuil, *œil de pousse*, peuvent percer sur toutes les parties du pêcher, aussi bien sur le jeune bois que sur celui déjà âgé, et la *taille peut en faire naître sur le plus vieux bois*. (*Note I.*)

14. Le *bouton à fruit*, *fig.* 2, *pl. I*, est le berceau de la fleur. Il est de même enveloppé d'écailles; mais sa forme est toujours plus arrondie en tous sens. On ne trouve de boutons à fruit que sur du bois d'un an. Sa végétation est plus rapide que celle des yeux.

15. Il y a sur le pêcher des boutons simples, doubles, triples et plus nombreux.

16. Le bouton simple est presque toujours un bouton à bois duquel résulte un bourgeon, *fig.* 10, *pl. I*. Les boutons *a* des *fig.* 1, 3, 4, 5, 6 *et* 7, *même planche*, sont des boutons à bois.

17. On voit cependant des boutons à fleurs solitaires; tels sont ceux marqués *b*, *fig.* 2 *et* 3, *pl. I*. La petite branche qui les porte est terminée par un bouton à bois ou œil de pousse, dont les fonctions sont d'appeler dans cette branche la séve nécessaire à l'alimentation des fleurs et des fruits; mais il peut arriver que, par accident ou avortement, cet œil de pousse n'existe pas, et il n'en résulte pas la perte

des fruits ; l'année 1844 m'a fourni de nombreux exemples de leur réussite en pareil cas, et je les indiquerai plus loin.

18. Les boutons doubles sont généralement l'un à bois, l'autre à fleur. La *fig. 4, pl. I*, représente cette sorte de boutons : *a*, boutons à bois ; *c*, boutons à fleur. Il en est quelquefois qui sont tous deux à fleur.

19. Dans les boutons triples tels qu'on les voit en *d*, *fig.* 5, *pl. I*, deux sont à fleur, l'autre à bois ; c'est celui du milieu. Il y a aussi des boutons triples tous à bois, surtout sur les rameaux très-vigoureux. L'œil du milieu est toujours le mieux constitué ; quelquefois aussi ceux des côtés deviennent dormants. Je dirai plus loin le parti qu'on en tire lorsqu'on taille sur eux.

20. Dans les boutons quadruples ou qui paraissent tels, car il y a toujours au milieu d'eux un œil de pousse, d'abord peu visible, ce qui fait croire qu'il manque, ils sont tous les quatre à fleur ; mais le bouton à bois, qui se développe un peu plus tard, a les mêmes fonctions que l'œil de pousse (17), et sa présence devrait les faire appeler quintuples. Ils sont, d'ailleurs, rares et toujours placés au sommet d'une petite branche ; voyez *fig.* 6. Quelquefois, enfin, ils sont plus nombreux et disposés de même, avec un œil de pousse au centre ; voyez *fig. 7, pl. I*. L'œil de pousse périt quelquefois, sans résultat fâcheux pour les fruits ; voyez *f, fig.* 9.

21. Le résultat du bouton à fruit, lorsque aucun accident ne s'y oppose, est l'épanouissement de la fleur, *fig.* 11, *pl. I*. Celle-ci peut déjà, par sa grandeur, servir de renseignement pour l'époque de la maturité du fruit, selon qu'elle entre dans la première, dans la deuxième ou dans la troisième catégorie de la classification (*note XII*). La fleur, après avoir rempli ses fonctions, noue un fruit dont le développement et la maturité s'opèrent successivement.

22. Le bouton à bois produit toutes les parties ligneuses qui constituent l'arbre, et qui, d'abord herbacées, subissent diverses modifications sur lesquelles il est utile de s'arrêter un moment.

23. B. — *Du bourgeon*. Le bourgeon, *fig.* 10, *pl. I*, est le premier état que prend le bouton à bois en continuant à végéter. Il n'est autre chose d'abord qu'un faisceau de deux ou trois jeunes feuilles, qui se développent avec la tigelle herbacée qui les porte, et un plus grand nombre de feuilles se forment, sur sa longueur, au fur et à mesure de la croissance, qui est quelquefois considérable. Il arrive que sur ce bourgeon, lorsqu'il est vigoureux, des yeux, placés vers son sommet, s'ouvrent dans le cours de la même végétation et donnent naissance à des produits qui ont reçu le nom de *faux bourgeons* ou *bourgeons anticipés*, et qu'à Montreuil nous désignons sous celui de *redrugeons*.

24. Le bourgeon conserve son nom jusqu'au moment où il est terminé par un œil, tandis que d'autres yeux percent sur sa longueur, à l'aisselle de chaque feuille; il devient alors un *rameau*, ce qui arrive à la fin de la végétation ou à la chute de ses feuilles.

25. C. — *Du rameau*. Je viens de dire comment un bourgeon devenait rameau. Celui-ci n'est donc qu'un bourgeon dans un état de développement plus complet. Il est des rameaux de dimensions fort variées, depuis la longueur de 10 centimètres jusqu'à celle de 2 mètres et plus.

26. Le rameau conserve son nom aussi longtemps que les yeux dont il est muni restent sans s'ouvrir; mais, aussitôt qu'ils commencent à se développer, il devient branche, dont il prend et conserve le nom pendant toute son existence. Cette transformation a ordinairement lieu à l'époque de la première taille qu'il reçoit au printemps suivant.

27. Le faux rameau est au rameau ce que j'ai dit que le bourgeon était au faux bourgeon. Du reste, le faux rameau

doit être considéré et traité de la même manière que le rameau.

28. Je n'admets que deux sortes de rameaux : 1° celui à bois ; 2° le rameau mixte ou à bois et à fruit.

29. *Première sorte.* Le rameau à bois n'est disposé qu'à la production du bois et des feuilles. Il a une vigueur également répartie, et les yeux dont il est garni ont un volume à peu près pareil ; il abonde sur les jeunes pêchers et ne se rencontre que rarement sur les pointes de toutes les branches à bois dans ceux qui sont formés.

30. Le gourmand, qui est un rameau de cette sorte, diffère du véritable rameau à bois par son large empattement, par une végétation disproportionnée, par sa longueur, par sa grosseur, son écorce grisâtre parsemée de points bruns, et l'espacement de ses yeux, dont les inférieurs sont presque tous très-petits, tandis que ceux du sommet sont gros, attirant toute la séve à eux, et disposés à devenir de faux bourgeons. Le gourmand indique une séve mal répartie, et ne se rencontre ordinairement que sur les pêchers très-jeunes ou sur ceux qui sont mal conduits. On le supprime le plus souvent, mais avant qu'il ait pris trop de développement ; cependant il est quelques circonstances, que j'indiquerai plus loin, où la taille sait en tirer un parti utile.

31. *Deuxième sorte.* Le rameau mixte, ainsi qu'on a pu le comprendre déjà, est celui sur lequel existent des boutons à bois et à fleur.

32. D. — *De la branche.* On conçoit maintenant que tout rameau est l'origine de la branche en général, sur laquelle, sous l'influence de la taille et la végétation continuant, s'ouvrent les boutons dont elle est garnie. Dans les unes, ils donnent naissance à des bourgeons seulement ; dans les autres, à des bourgeons et à des fleurs.

33. D'où il suit que, comme je n'ai admis que deux sortes de rameaux (20), je ne connais aussi que deux sortes de

branches : 1° celles à bois; 2° celles à fruit. Je me sers de cette dernière expression, bien qu'elle soit impropre, puisqu'il n'existe pas, ou au moins très-rarement, sur le pêcher, de branche ne portant exclusivement que du fruit, mais parce qu'elle est consacrée, et qu'il faut bien adopter la dénomination que tout le monde comprend.

34. *Première sorte.* La branche à bois est le second état du rameau, dont tous les yeux sont des boutons à bois. Les premières branches que pousse un jeune pêcher nouvellement planté sont de cette nature, c'est-à-dire que, nourries par une séve fougueuse et non encore suffisamment élaborée, elles ne peuvent, pendant la première année de leur existence, seul temps que la nature leur a assigné pour produire des fleurs, donner naissance qu'à des boutons à bois, qui deviennent successivement bourgeons, rameaux et branches. Elles restent branches à bois pendant toute la durée de l'arbre, et elles conservent, quoi qu'on en ait dit, la faculté de pousser des boutons à bois, quel que soit leur âge. J'insiste d'autant plus sur ce fait qu'il est à peine admis, et que beaucoup de personnes prétendent encore que le pêcher ne reperce jamais sur le vieux bois. Ce sont les branches à bois qui constituent la charpente de cet arbre, sous quelque forme qu'on le conduise. Par rapport à la place qu'elles occupent, elles prennent différents noms, que j'indiquerai en traitant de la taille, n'ayant à m'occuper ici que de la végétation du pêcher et de la nature des productions qu'elle donne.

35. *Deuxième sorte.* La branche à fruit succède, comme on l'a vu, aux rameaux mixtes (32), et se trouve toujours portée par les branches à bois; elle est de la plus grande importance, car c'est sur elle que repose tout l'espoir de la récolte. Nous lui donnons aussi, à Montreuil, le nom de *petite branche,* à cause de la différence de son volume avec celui des branches à bois. En effet, sa grosseur excède rare-

ment celle d'un gros tuyau de plume, et, après qu'elle a fructifié, elle deviendrait branche à bois, si la taille ne la supprimait pas pour la remplacer par une autre d'âge à donner du fruit. Il faut comprendre dans cette sorte les supports de ces petites branches, qui ont pour origine le talon du premier rameau à bois ou mixte qui se développe sur un point de l'arête des branches charpentières, et prend un volume plus ou moins considérable par les tailles successives qu'il reçoit, par suite des opérations du remplacement. On les nomme *coursonnes* à cause de leur peu de longueur, qu'il importe de restreindre le plus possible.

36. Outre l'utile fonction qui est dévolue aux petites branches de produire de beaux et bons fruits, elles en ont encore une autre qui n'est pas sans intérêt, c'est celle d'abriter par leur feuillage, contre la trop vive ardeur du soleil, et les fruits qu'elles nourrissent et l'écorce des branches à bois qui les portent, et qu'elles garantissent d'autant mieux qu'elles en sont tenues plus rapprochées.

37. Tel est l'exposé succinct que j'ai cru utile de faire de la manière dont se conduit la végétation du pêcher. J'ai pensé que cette connaissance était nécessaire pour rendre plus intelligibles les explications que j'ai à donner sur sa taille. En résumant ce qui précède, on reconnaît que toute végétation dans cette espèce d'arbre commence par un œil; que cet œil est un bouton à bois ou un bouton à fruit; que le bouton à bois peut se produire sur toutes les parties de l'arbre, même les plus âgées; qu'il devient successivement bourgeon, rameau, et branche à bois ou à fruit; que le bouton à fleur ne se produit que sur du jeune bois d'un an, et que pour avoir longtemps du fruit il faut savoir faire naître ce jeune bois. Enfin on comprend sans doute, maintenant, que chaque aile d'un pêcher en espalier est le produit d'un œil de la greffe qui a subi toutes les transformations dont j'ai parlé.

SECTION IIe. — MULTIPLICATION DU PÊCHER PAR LA GREFFE.

38. C'est par la greffe qu'on multiplie le pêcher. Les sujets qui sont propres à la recevoir sont l'amandier, les pruniers de damas, de damas noir et myrobolan, ainsi que le pêcher obtenu de semis ; il réussit et végète bien sur ces divers sujets, lorsqu'ils sont plantés dans la nature de terre qui convient le mieux à chacun d'eux.

39. L'amandier fournit les plus beaux arbres, surtout celui dont les fruits sont à coque dure ; il réussit bien partout, excepté dans les terrains très-humides, ou susceptibles d'être inondés, parce que les racines de l'amandier périssent presque toujours lorsqu'elles sont submergées. Il a l'avantage de végéter plus tard, conséquemment il est indispensable pour les espèces de pêches tardives.

40. Le prunier convient mieux que l'amandier dans les terres humides. Ce cas excepté, je préfère l'amandier parce qu'il communique plus de vigueur à la greffe ; ce qui est aussi l'avis des cultivateurs. Cependant voici un exemple qui ne conclut pas en ma faveur : j'ai cultivé pendant longtemps un espalier de cent pêchers dont cinquante greffés sur amandier et cinquante sur prunier, et tous plantés alternativement. Le terrain, entièrement rapporté dans un but autre que celui de la culture, se trouve de natures très-diverses, tantôt sablonneux, pierreux, glaiseux, etc. Tous les arbres, néanmoins, se sont bien développés ; amandiers et pruniers ont fourni une végétation égale à tel point que, malgré le plus scrupuleux examen, il m'est impossible de dire de quel côté penche la balance. La production en fruits a été aussi, en tous points, la même des deux parts ; je n'en persiste pas moins à accorder la préférence à l'amandier, tout en faisant exceptionnellement cas du prunier.

41. C'est enfin le pêcher lui-même que l'on emploie le moins pour recevoir la greffe de ses diverses variétés. Elles y végètent cependant avec vigueur; mais elles se mettent à fruit plus difficilement. Il m'est arrivé de greffer des pêchers sur francs, et leur végétation m'a peu satisfait à l'égard de la production du fruit. Cependant j'ai remarqué qu'en greffant une seconde fois la végétation se réglait, et la fructification devenait abondante. Mais ce procédé retarde la jouissance; il faut donc l'abandonner pour s'en tenir à l'amandier et au prunier. D'ailleurs, ainsi greffé, le pêcher n'a qu'une courte existence.

42. Si l'on veut planter soi-même des sujets amandiers, il faut, ainsi que je viens de le dire, se procurer des amandes à coque dure, et les faire stratifier. Pour cela, dans la première quinzaine de janvier, on met, dans une caisse ou dans un panier, alternativement un lit de sable de l'épaisseur de la main et un lit d'amandes, jusqu'à ce que la caisse soit pleine ou qu'on ait employé toutes les amandes, et on dépose la caisse ou le panier à la cave ou en terre, pour qu'il soit à l'humidité et à l'abri de la gelée. Aussitôt que celle-ci n'est plus à craindre, c'est-à-dire dans la deuxième quinzaine d'avril, on plante les amandes, dont la stratification est complète, dans un terrain fumé et défoncé à la profondeur de 40 centimètres au moins. On y fait des trous de 15 à 18 centim., espacés entre eux de 32 centim. environ, et dans chacun desquels on dépose une amande, après qu'on a rompu un tiers environ de son pivot, lorsqu'il est long de 4 à 6 centim., et avant que la plumule ne soit développée. Cette rupture dispose les racines à tracer davantage et à s'enfoncer moins perpendiculairement. Ce procédé a l'avantage de rendre l'amandier plus convenable pour les terrains dont la couche végétale n'a pas une grande épaisseur. Les amandiers sont en état d'être greffés à la fin d'août ou au commencement de septembre suivant.

43. Si l'on veut greffer sur prunier, il faut se procurer des rejetons qui poussent ordinairement au pied des gros pruniers, en donnant la préférence au damas noir, et que les cultivateurs des environs de Paris vont chercher généralement à Fontenay-aux-Roses. On plante ces boutures depuis le mois de novembre jusqu'en mars, mais mieux en novembre, dans un terrain convenablement préparé à l'avance, on les étête presque rez terre, et on attend, pour greffer, qu'elles aient fait de nouvelles pousses.

44. Le terrain sur lequel on a établi sa pépinière d'amandiers ou de pruniers doit être entretenu avec la plus grande propreté. Il est nécessaire d'y faire plusieurs binages pour que la terre soit toujours tenue meuble et nette de mauvaises herbes.

45. On greffe sur prunier depuis la mi-juillet jusqu'à la mi-août, et depuis la mi-août jusqu'à la mi-septembre sur pêcher et amandier. La greffe que l'on emploie presque exclusivement est celle en *écusson à œil dormant;* voyez *fig.* **12**, *pl. I.* L'écusson A est une petite plaque d'écorce munie d'une gemme ou œil que l'on enlève sur le sujet que l'on veut multiplier. On a soin de ne prendre des greffes que sur des arbres très-sains, et on choisit les rameaux, qui doivent fournir les écussons, bien aoûtés, et d'une végétation un peu ralentie. Il faut, au contraire, que les sujets qu'on veut greffer soient en pleine séve, afin que, si la greffe ne réussissait pas, on pût la recommencer. Sous ce rapport, l'amandier est le plus avantageux, à cause de sa végétation prolongée. Aussitôt que l'on a coupé les rameaux sur lesquels on veut prendre les greffes, on supprime les feuilles en laissant subsister une portion des pétioles longue de 8 à 9 millimètres. La chute spontanée de cette portion conservée des pétioles annonce plus tard la reprise de la greffe. Quoiqu'il vaille toujours mieux employer les rameaux à greffer le plus près possible du moment où ils ont été coupés, on les conserve

très-bien en tenant leur base plongée dans l'eau. Il est même utile d'en agir ainsi à la réception de greffes qu'on a fait venir de loin.

46. Pour greffer, on commence par couper jusqu'à l'aubier l'écorce du sujet B que l'on veut écussonner, d'abord par une fente transversale, ensuite par une seconde perpendiculaire à la première, soit en dessus, soit en dessous, et d'une longueur proportionnée à la dimension des écussons, de sorte que les deux coupures représentent la forme d'un T droit ou retourné. On lève alors sur le rameau l'écusson dont on veut faire la greffe. Pour cela, on fait, au-dessus de l'œil sain et vigoureux qu'on a choisi, une incision transversale et profonde ; puis, avec la lame du greffoir que l'on reporte un peu plus haut, on enlève une lanière d'écorce, munie de l'œil, de 5 à 6 millimètres de largeur sur 30 à 35 de longueur, et terminée inférieurement en pointe. Cette lanière s'obtient en coulant la lame entre l'écorce et le bois dont on conserve une très-mince portion sous l'œil. Cet écusson est glissée immédiatement sous les lèvres que forme l'incision et qu'on soulève avec la spatule du greffoir. Lorsqu'il est bien ajusté, on rapproche par-dessus les deux lèvres de l'entaille qu'on appuie avec les deux pouces, et on entoure le tout, excepté l'œil, d'une ligature en laine qu'on ne serre que juste ce qu'il faut pour maintenir ; encore est-il bon de s'assurer souvent s'il n'est pas besoin de desserrer.

47. Cette greffe reprend ordinairement en six ou douze jours ; ce qui est annoncé, ainsi que je l'ai dit plus haut, par la chute du pétiole. Si, au contraire, la greffe se dessèche, si les pétioles persistent et si l'œil s'éteint, il faut greffer une seconde fois le sujet.

48. On peut greffer les sujets en place tout aussi bien que ceux en pépinière. Ces derniers sont toujours greffés avec un seul œil, sur le développement duquel on taille au printemps suivant. Quand on greffe en place pour espalier, on

peut poser un écusson de chaque côté du sujet ; ce qui donne deux yeux régulièrement placés pour la formation des deux branches mères. Ce moyen fait gagner une année, parce qu'au printemps suivant, au lieu de tailler sur le scion de la greffe pour favoriser le développement des deux yeux inférieurs destinés à former les deux branches mères, celles-ci existent déjà, et on peut leur donner une première taille. Mais, pour cela, il faut que ces deux greffes aient également réussi et soient douées d'une force analogue. Il est vrai que, si l'une des deux périt, on se trouve, en redressant l'autre, dans la même position que si l'on n'avait greffé qu'avec un seul écusson.

49. Les pépiniéristes ont souvent le tort de greffer trop longtemps une même espèce qu'ils savent être bonne, en prenant les rameaux à fournir les écussons sur les pousses des greffes de cette espèce faites l'année précédente. Il vaudrait mieux renouveler ces greffes en revenant couper des rameaux sur les arbres faits. C'est pourquoi j'ai pris le parti de greffer moi-même les sujets que je choisis dans les pépinières : de cette façon, je suis plus sûr de mes espèces ; seulement j'ai la précaution de laisser, sans les palisser, quelques rameaux dans les dessus de l'arbre que je veux multiplier, afin qu'ils soient encore en séve au moment de greffer. Cette nécessité d'avoir, pour cet objet, des rameaux d'une végétation complète est encore le motif qui porte les pépiniéristes à les prendre en plein champ plutôt que sur les espaliers.

50. On peut aussi, par la greffe, avoir sur un même arbre plusieurs espèces de pêches ; c'est un moyen avantageux de prolonger la maturité des fruits par les variétés qu'on y greffe. Mais il faut avoir la précaution de ne choisir des greffes que sur les variétés d'une végétation analogue à celle du sujet, autrement on court le risque de compromettre l'équilibre à l'avenir. On pose quelques écussons sur les plus

forts rameaux du dedans de l'arbre. Souvent ces greffes font des pousses de $1^m,50$ et plus; les yeux se développent et forment des petites branches, et quelquefois, l'année suivante, on récolte dix ou douze pêches sur la première pousse de la greffe.

51. Il est possible, enfin, par le même procédé, de changer en peu de temps la nature des fruits d'un pêcher. Un propriétaire avait planté des pêchers à fleurs doubles; en les voyant, son premier mouvement fut d'ordonner de les détruire. Je l'engageai à n'en rien faire, espérant parvenir à rendre en peu de temps ses pêchers productifs. Au commencement d'août, je posai dix ou douze écussons sur chaque arbre, tant sur le jeune bois que sur les mères branches. Le succès fut complet, et, les années suivantes, il récolta des fruits magnifiques.

SECTION IIIe. — PLANTATION DU PÊCHER EN ESPALIER.

1. *Du choix des arbres à planter.*

52. Les personnes qui ne peuvent ou qui ne veulent pas greffer leurs pêchers elles-mêmes doivent avoir soin de choisir ou faire choisir convenablement dans les pépinières les arbres greffés sur les sujets qui conviennent le mieux à leur terrain. C'est généralement, comme je l'ai déjà dit, à ceux qui le sont sur amandiers qu'on donne la préférence, sauf l'exception que j'ai indiquée.

53. Après avoir fait choix des espèces qu'on désire, il faut, pour chacune, préférer les arbres sains et vigoureux, dont l'écorce est claire et vive, et la tige droite et convenablement garnie d'yeux à sa base. On ne doit pas tenir absolument à la grosseur des sujets, car il est certaines espèces fort estimées qui paraissent moins vigoureuses et ne présentent cependant pas moins d'avantages.

54. Il est essentiel de s'adresser à un pépiniériste digne de confiance, à qui on puisse s'en rapporter pour la déplantation des jeunes arbres, afin qu'on leur conserve les racines intactes, ce qui est important pour la reprise. Il est préférable de payer quelque chose de plus par pied, plutôt que de courir la chance d'avoir des arbres dont les racines, raccourcies, mutilées, éclatées, empêchent la réussite.

55. Il faut encore avoir soin de ne pas laisser s'écouler trop de temps entre la déplantation et la mise en place; et, si les arbres que l'on se procure viennent d'un lieu un peu éloigné, il faut exiger qu'ils soient assez bien emballés, surtout les racines, pour qu'elles ne soient pas desséchées par le contact de l'air.

56. Avant d'indiquer les précautions qu'il est nécessaire de prendre pour planter, il est bon de faire connaître quelles expositions conviennent le mieux au pêcher. Bien que celles que je vais déterminer soient spécialement applicables au climat de Paris, il sera facile de les modifier selon qu'on sera plus au midi ou plus au nord, quoique le pêcher dépasse peu de ce dernier côté la latitude de la capitale. J'aurai aussi à parler des murs auxquels on adosse le pêcher, qui ne réussit bien qu'en espalier; et ces deux objets traités, je reviendrai à la plantation.

2. *Expositions et terrains qui conviennent le mieux.*

57. Le pêcher redoute également une exposition trop chaude ou trop froide; et, bien qu'on puisse cependant en cultiver aux expositions du sud et du nord, il est préférable et plus avantageux de les placer à l'exposition de l'est et de l'ouest. De cette façon, le même mur peut servir d'appui à deux rangs d'espaliers, dont les arbres donneront des produits à peu près égaux. Cet avantage n'a pas lieu pour les

murs bâtis de l'est à l'ouest, car, tandis que les pêchers regardant le midi ont trop de chaleur, ceux opposés ne voient presque pas le soleil et mûrissent mal ou pas du tout leurs fruits(1). C'est la considération que je viens de faire connaître, qui a déterminé la plupart des cultivateurs de Montreuil, Bagnolet et autres localités où la culture du pêcher est l'industrie principale, à diriger leurs murs du nord au sud, afin que les arbres plantés à l'est jouissent de l'influence du soleil depuis son lever jusqu'à une heure après midi, et ceux exposés à l'ouest, pendant le reste de la journée. Cependant nous plantons également des pêchers dans des expositions qui ne sont pas aussi avantageuses que celles que je viens de citer, car les terrains ne permettent pas toujours de placer les murs aux expositions que l'on désire. Il s'en trouve quelquefois qui ne jouissent du soleil que jusqu'à dix heures du matin; nous les garnissons cependant de pêchers qui y deviennent très-beaux, mais ils présentent de grandes difficultés pour la taille, parce que leurs yeux à bois ou de pousse se trouvent souvent à l'extrémité des petites branches, qu'on est ainsi dans l'obligation de conserver entières, si l'on ne veut pas se priver de fruits..

58. Quant à la nature du sol, le pêcher est moins difficile qu'on pourrait le croire. Il vient partout lorsqu'il est bien conduit, pourvu que le terrain ait une profondeur suffisante. Néanmoins son développement est d'autant plus régulier et étendu, qu'il est planté dans une terre légère qui repose sur un fond de cailloux siliceux à travers lesquels les racines de l'amandier trouvent à se faire jour, et qui ne retiennent pas les eaux au point de leur nuire, par une humidité permanente, lorsque l'été est pluvieux.

(1) Quand les murs ont cette disposition, nous conseillons de planter du côté du nord des pêches hâtives, principalement des mignonnes.

3. *Des murs et abris.*

59. Lorsqu'on possède un jardin où les murs sont établis, il faut bien utiliser les expositions qu'ils offrent ; mais, lorsque l'on crée un jardin neuf, il est bon de tenir compte de ce que je viens de dire touchant l'exposition, et conséquemment de disposer son potager d'une façon convenable, pour y bâtir les murs nécessaires aux espaliers.

60. Lorsqu'à Montreuil on construit un mur pour le garnir de pêchers, on le fait, à sa base, épais de 40 centimètres, qui au sommet se réduisent à 30, et on lui donne une hauteur de 2^m,50 à 3^m,00. Cette hauteur est la plus convenable pour la forme carrée que je conseille de faire prendre aux pêchers. Cependant rien n'empêche de leur donner une élévation plus grande. Mais quant à nous, cultivateurs, l'expérience nous a démontré que la dimension que je viens d'indiquer est suffisante, et il est d'une sage économie de ne pas faire de mise de fonds disproportionnée avec les produits qu'on peut espérer. Ces murs doivent être enduits, de chaque côté, d'une couche de plâtre épaisse de 3 centimètres, pour pouvoir enfoncer solidement les clous nécessaires au palissage à la loque. Le sommet de ces murs est garni d'un chaperon auquel on donne une saillie de 16 centimètres à toutes les expositions. Cette saillie est calculée sur la hauteur de 3 mètres, et serait utilement augmentée dans la même proportion, si l'on dépassait cette hauteur ; elle doit l'être aussi, pour les murs garnis d'un treillage, d'environ 5 centimètres, pour compenser son épaisseur et son éloignement du mur. Ces chaperons ont le triple avantage de modérer l'affluence de la séve dans toutes les pointes qui sont palissées au-dessous d'eux, de garantir les pêchers contre l'écoulement des eaux pluviales, et de les préserver, jusqu'à un

certain point, des gelées printanières qui atteindraient les fleurs par l'effet du rayonnement contre lequel ils les abritent en grande partie.

61. Toutefois, comme les expositions du couchant et du midi sont celles où les pluies du printemps sont le plus à craindre, et qu'elles ont, en outre, à redouter l'action trop vive du soleil qui vient frapper sur les bourgeons et jeunes feuilles du pêcher atteints par les gelées blanches, nous augmentons, par des paillassons, les bons effets qui résultent des chaperons. C'est pour cela que, sous le chaperon des murs tournés à ces deux expositions, nous faisons sceller des supports espacés entre eux de 1 mètre environ. Il faut que ces supports aient une longueur de 65 centimètres en sus de la partie scellée dans le mur. C'est sur eux qu'on fixe des paillassons de cette largeur, lorsque la constitution atmosphérique l'exige.

62. Dans les jardins de propriétaires, on est dans l'usage de couvrir le mur avec un treillage en lattes dont les mailles ont 24 centimètres sur 21 1/2 d'ouverture. Cette méthode avantageuse, principalement dans les localités où le plâtre est rare, est moins commode pour le palissage que le mur nu; c'est pourquoi nous ne la suivons pas à Montreuil, quoique l'entretien des murs et les clous ne soient pas plus économiques. On fait aussi des treillages en fil de fer qui remplacent très-bien ceux en bois; mais ils exigent, au palissage, quelques précautions pour les liens, dont je parlerai à cet article. Pour obtenir une belle végétation des productions vigoureuses du pêcher, il faut qu'il puisse former de belles racines; il est donc très-important de favoriser par la préparation du sol l'élongation et la multiplication de ces organes, avec lesquels la partie aérienne est presque constamment en rapport.

63. Au pied du mur on dispose, pour une plantation neuve, une plate-bande de 1 mètre à $1^m,30$ de largeur,

selon qu'on a plus ou moins besoin d'économiser le terrain. On y dépose une quantité suffisante de fumier bien consommé, et on laboure à la profondeur de 50 à 65 centimètres, afin d'ameublir parfaitement la terre et d'y mélanger également le fumier. Beaucoup de personnes ont l'habitude de faire faire les trous trois semaines ou un mois avant la plantation. Je ne pratique jamais cette méthode, et je conseille de ne pas l'observer. La saison de la plantation est ordinairement marquée par des pluies inattendues et froides dont les eaux remplissent quelquefois ces trous, en plombent la terre, et la refroidissent au point de nuire aux racines, tandis que cet inconvénient n'a pas lieu quand on fait les trous au moment de planter. (*Note II.*)

4. *Mise en place du pêcher.*

64. Tout étant disposé, on plante dans le courant de novembre; c'est l'époque la plus favorable pour la plantation et celle à laquelle la reprise est mieux assurée. La terre de la plate-bande ayant été fraîchement labourée, il suffit d'ouvrir les trous. Cette méthode doit être préférée à celle qui conseille la plantation en mars. Cette dernière a surtout le remarquable inconvénient de faire perdre un temps précieux au sujet qui, planté en novembre, est tout prêt à végéter aux premiers beaux jours du printemps, tandis que, lorsqu'il ne l'est qu'en mars, il est souvent retardé par le hâle qui règne assez communément dans cette saison. Ce sont les sujets qu'on nomme *dix-huit mois* qui sont employés à cette plantation; on les nomme dix-huit mois parce qu'il y a alors ce temps qu'ils ont été greffés. Les sujets de trente mois qui ont été rabattus (*rebottés*) sur l'œil le plus rapproché de la greffe, et dont les racines sont beaucoup plus grosses et moins garnies

de chevelu que celles des premiers, ne valent pas autant qu'eux; cependant ils ne sont pas à rejeter dans quelques circonstances particulières, et, par exemple, ils sont souvent d'une reprise plus assurée dans les terrains neufs.

65. Je fais les trous au moment de planter (63). Pendant que cette opération se poursuit, on rafraîchit les racines, c'est-à-dire qu'on en coupe les extrémités avec une serpette bien affilée, et on dirige le biseau de façon à ce que la coupe pose sur la terre lorsque l'arbre est mis en place. En même temps on supprime sa tête à 20 ou 25 centimètres au-dessus de la greffe, afin de pouvoir le planter en lui donnant une inclinaison convenable, c'est-à-dire que la tige touche le mur, tandis que le pied en est suffisamment éloigné pour que les racines, en poussant, ne soient pas trop gênées par ses fondations. Voyez la *fig.* 13, *pl. I*, qui représente l'arbre tel qu'il sort de la pépinière, avant la plantation. On coupe sa tête au point A.

66. On établit l'arbre dans son trou à 10 centimètres du mur, et de façon que la greffe ne soit pas enterrée. On le place de telle sorte que les yeux de la greffe *a* et *b* soient tournés de chaque côté, et non devant et derrière, et sans s'embarrasser de la position qui en résultera pour la greffe; c'est-à-dire qu'il importe peu que celle-ci soit tournée dans un sens ou dans l'autre, pourvu que les yeux soient convenablement placés. Cette précaution est plus utile qu'on ne le pense peut-être pour la prompte formation d'un bel arbre. Il est presque d'un usage général, chez les jardiniers, de planter leurs arbres la greffe devant, sans faire la moindre attention à la place qu'occupent les yeux. Il en résulte qu'au printemps suivant, c'est-à-dire à la pousse de l'arbre, ils paraissent étonnés de voir les arbres ainsi plantés avoir, pour la plupart, des yeux devant et derrière, tandis que tous ceux plantés avec le soin que j'indique les ont parfaitement disposés. Lorsque l'arbre a pris la position exacte qu'on veut

lui donner, on étale les racines avec soin, et on les recouvre de terre jusqu'à la hauteur qne j'ai indiquée plus haut, ou au moins de façon que la greffe B soit maintenue hors de terre de 4 à 6 centimètres au moins. Si l'on avait à planter tardivement, les précautions deviennent indispensables. Le paillis, dont on couvre la terre des arbres nouvellement plantés, est de rigueur. Si la terre se conservait sèche, on lui donnerait un bassinage qu'on renouvellerait une ou deux fois par semaine, pour l'entretenir fraîche autour des racines, sans cependant la saturer trop d'eau. (*Note III.*)

67. Pour les pêchers qu'on destine à prendre la forme carrée, on laisse entre eux un intervalle de 8 mètres. Quand on veut planter alternativement un pêcher et un poirier, on laisse alors une distance de 12 mètres. On peut utiliser le terrain intermédiaire en plantant entre chaque pêcher et poirier un jeune arbre qu'on élève jusqu'à trois ans, et qui peut être employé à faire de nouvelles plantations d'un rapport plus prompt.

SECTION IVe. — EXPOSITION THÉORIQUE DES DIVERSES OPÉRATIONS DE LA TAILLE.

68. Maintenant que l'arbre est convenablement planté, il n'attend plus que la direction que doit lui imprimer la taille de chaque année ; mais, avant d'entrer dans le détail des opérations qu'exige un arbre depuis sa plantation jusqu'à sa mort, il est indispensable d'exposer les principes généraux dont l'application se renouvelle à chaque instant, et qui, une fois expliqués, n'entraveront plus ma marche lorsque je décrirai les opérations dont chaque année appelle le renouvellement. Commençons par faire connaître les instruments que l'on emploie.

1. *Instruments et outils nécessaires.*

69. Les outils et instruments nécessaires pour la taille des arbres fruitiers sont le *sécateur*, la *serpette* et la *scie*. Je ne m'amuserai pas à décrire ces instruments, qui sont suffisamment connus; je dirai seulement qu'aujourd'hui presque tous les cultivateurs de Montreuil emploient le sécateur, qui est plus expéditif et convient parfaitement pour toutes les amputations à faire aux petites branches. Toutefois, lorsqu'il s'agit de supprimer quelques branches un peu fortes, à leur insertion sur la branche mère, on emploie la serpette, afin de faire l'amputation le plus près possible de cette branche et d'en rendre la coupe très-unie. C'est encore de la serpette que l'on se sert pour supprimer la tête des jeunes arbres que l'on plante, et pour tailler toutes les pointes des branches à bois. En effet, lorsque la branche est trop forte, la pression qu'occasionne le sécateur, pour la couper transversalement, produit souvent la gomme ou un chancre, qui peut entraîner la perte de la branche. Cet inconvénient, qu'offre le sécateur, existe même pour les petites branches, surtout lorsqu'il est mal ajusté; mais, quand cet instrument est bien exécuté, il n'en résulte que plus de lenteur dans le recouvrement de la plaie. A Montreuil, les premiers essais qu'on a faits du sécateur ne lui furent pas favorables, parce que ceux qu'on possédait alors étaient loin d'être aussi perfectionnés qu'ils le sont maintenant. On était même sur le point d'en abandonner l'usage, lorsque M. Lemaignan, serrurier à Montreuil, se mit à en confectionner avec une assez grande supériorité d'exécution; et c'est à cette circonstance qu'est dû l'emploi, aujourd'hui presque général, du sécateur dans les cultures de notre pays. MM. Arnheiter, Groulon, Saladin

successeur de Vigier, Stocker, serruriers-mécaniciens à Paris, en font aussi de très-bons (1).

70. Quand il s'agit d'amputer une grosse branche morte, on se sert de l'égohine ou scie à main à lame étroite, forte et allongée, avec laquelle on scie légèrement la partie à supprimer. Mais, comme les dents de la scie déchirent l'écorce et le bois, il faut immédiatement rafraîchir la plaie avec la serpette et l'unir parfaitement, puis on la couvre aussitôt de cire à greffer ou d'onguent de Saint-Fiacre. Ces soins sont essentiels pour la conservation de l'arbre.

71. De quelque instrument qu'on se serve pour tailler, il faut qu'il soit très-tranchant, pour que la coupe soit unie et nette. Elle doit être un peu oblique, et la pointe du biseau tournée du côté de l'œil sur lequel on rabat, en laissant au-dessus de lui un onglet de 2 à 4 millimètres, selon la force de la branche et la saison où l'on taille. C'est en hiver qu'il faut lui conserver plus de longueur. (*Note IV.*)

2. *De la taille proprement dite.*

72. On donne le nom de taille d'hiver aux opérations de la véritable taille, parce que c'est plus généralement dans cette saison qu'on les pratique. Pour nous, cultivateurs, qui avons une grande quantité de pêchers à diriger, nous n'avons point d'époque fixe pour tailler. Il m'est arrivé de tailler quelques-uns de mes arbres en décembre, et le résultat a valu tout autant que celui des pêchers taillés plus tard. On peut donc dire que la taille peut être faite de janvier en avril; mais je conseillerai de la faire toujours plus tôt que

(1) Arnheiter (Dutoit succ[r]), rue du Cherche-Midi, 25 *bis*; Groulon, rue du Cardinal-Lemoine, 71; Saladin, grande rue Saint-Antoine, 222; Stocker, rue Vieille-du-Temple, 131.

tard, parce que, lorsque la végétation est en activité, la taille opère sur les arbres une réaction plus sensible. Il est, toutefois, des cas où cet effet peut être utilisé. On va le concevoir. Lorsqu'on taille un arbre qui ne végète point encore, il ne se fait aucune déperdition de séve, parce que, quand celle-ci commence à monter, elle se porte vers les yeux, qui lui offrent une issue en se développant, tandis que les coupes sont déjà assez séchées pour apporter une résistance suffisante à son passage. La taille, faite de bonne heure, offre aussi plus de chances pour obtenir sur le vieux bois des yeux inattendus. Si, au contraire, on taille au moment où le fluide séveux est déjà venu imbiber les sommités des rameaux, leurs pores, ouverts par les coupes qui y sont faites, en laissent évaporer une portion. De là la conséquence vraie, qu'il est bien de tailler les arbres âgés pendant que la séve est encore stationnaire, parce qu'ils n'en ont point à perdre. Ceux dont l'œil peu exercé a de la peine à distinguer les boutons à fleur des boutons à bois feront bien d'attendre que ces organes aient acquis le gonflement qui aide à en faire la distinction. Cela a ordinairement lieu en février ; c'est aussi le mois le plus favorable à la taille, et que je conseillerai pour les personnes qui ont le temps. On ne doit jamais attendre que les boutons soient prêts à s'épanouir. Les pêchers que les insectes ont attaqués exigent plus impérieusement encore la taille avant l'ascension de la séve, parce que les opérations nécessaires pour les en débarrasser feraient tomber un grand nombre de boutons à fleur. Quoi qu'il en soit, c'est une erreur de croire qu'une taille tardive favorise la fructification des pêchers. Leur fécondité est, au contraire, excessive, et a besoin d'être modérée en maintenant une proportion convenable entre les produits en bois et en fruits, afin de ménager les forces du sujet, d'en tirer de meilleurs produits et de lui assurer une existence aussi ongue que possible. Depuis que je cultive, j'ai eu de nombreuses occasions de me convaincre, par l'expérience, de l'exactitude de cette observation. (*Note V.*)

73. Pour mieux faire comprendre les opérations de la taille, je vais la considérer sous deux points de vue : 1° la taille des branches à bois ; 2° la taille des branches à fruit.

74. 1. *Taille des branches à bois.* — Son principe est la conséquence rigoureuse de leur organisation naturelle. J'ai dit (25 à 33) ce que c'était qu'un rameau et une branche ; le premier, qui termine toujours la seconde, est garni, sur sa longueur, de boutons à bois ou de bourgeons plus ou moins développés, et est constamment terminé lui-même par un œil de pousse que l'on désigne sous le nom de *bouton* ou *œil terminal.* La séve, qui dans tous les arbres, et particulièrement dans le pêcher, tend toujours à monter, développe davantage l'œil terminal que les autres, qui sont graduellement plus faibles à mesure qu'ils s'éloignent du sommet du rameau et se rapprochent du point où a lieu la taille précédente dont il est le produit. Il résulte de cette marche constante de la nature le pouvoir de faire agir tout l'effort de la séve sur tel œil latéral que ce soit de ce rameau, en coupant ce dernier à quelques millimètres au-dessus, pour faire un nouvel œil terminal, qui prend le nom d'*œil terminal combiné* (*Note VI*), par distinction de l'œil terminal naturel, et parce qu'il est, en effet, le résultat de la combinaison de la taille.

75. Ainsi la taille ou le raccourcissement des branches n'a pas pour effet d'arrêter la croissance de celles-ci, mais bien de donner une grande vigueur à l'œil sur lequel on coupe, et aux boutons inférieurs une force qui varie selon leur distance du bouton terminal combiné. Celui-ci, en se développant, reforme un autre rameau qui constitue une nouvelle pointe à la branche, laquelle, terminée par un œil de pousse, se garnit, à son tour, de boutons à bois latéraux.

76. On conçoit parfaitement maintenant que, puisqu'on peut faire à volonté un œil terminal combiné de tout bouton latéral, en taillant au-dessus et près de lui, on est libre de le choisir selon le besoin et le but qu'on se propose.

77. Tel est le principe fondamental de la taille des branches à bois. On doit les tailler plus ou moins longues, selon l'état et la force des bois sur lesquels on opère. Dans ceux qui sont vigoureux, il n'est pas rare de voir ces branches faire des pousses annuelles de $1^{m},50$ à 2 mètres, et quelquefois plus. En pareil cas, il est avantageux d'allonger la taille, parce qu'il se développe alors le long de l'arête plusieurs productions d'une moyenne force, mieux espacées, qui la garnissent bien, et dont la vigueur, naturellement modérée, n'a rien d'embarrassant. C'est particulièrement dans les arbres dont toutes les branches de la charpente sont obtenues que l'on peut varier la longueur de la taille des branches à bois; mais l'expérience m'a démontré que la suppression d'un tiers de la pousse de l'année doit être regardée comme la règle ordinaire, parce que cette partie, étant le résultat de la végétation d'automne, est toujours mal constituée et ne donne naissance qu'à des branches fruitières mal espacées et peu avantageuses. Cependant il m'est souvent arrivé d'en laisser quelqu'une sans la tailler, soit pour l'ensemble symétrique de l'arbre, soit pour rétablir l'équilibre des branches, et j'obtenais du fruit jusqu'à l'extrémité; mais alors j'avais soin de venir asseoir la taille suivante sur le bourgeon le mieux développé et le plus avantageusement placé, avec la précaution de l'attacher à son point de départ sur la branche qui doit être supprimée et qui lui sert provisoirement de tuteur. L'allongement de la taille est encore un moyen de maîtriser la fougue des jeunes arbres; il vaut mieux l'employer à leur égard que de retarder l'opération même de la taille, ainsi que je l'ai dit (72), jusqu'au moment où les boutons à bois et à fleur commencent à s'ouvrir, pour

produire chez eux une déperdition de séve. Je n'ai mentionné, au surplus, cette taille tardive que pour le cas où, par une cause quelconque, on est empêché de tailler à temps, et pour faire connaître qu'en pareille circonstance c'est aux arbres les plus jeunes et les plus vigoureux que ce retard est moins préjudiciable.

78. Si, au contraire, on taillait court, il se produirait de jeunes rameaux fortement constitués, souvent trop rapprochés, et dont la vigueur ne pourrait être maîtrisée ni par le pincement ni par aucune autre opération. On n'aurait pour ressource que de les supprimer à la taille suivante, ce qui multiplie les plaies, fatigue l'arbre et l'empêche de prendre une forme régulière, et d'avoir des branches bien droites et d'un volume qui aille en s'effilant de leur insertion à leur pointe.

79. Il ne faut donc restreindre la taille que sur les branches à bois des arbres faibles, et cela par la seule raison qu'il ne convient pas de leur donner un développement qu'ils ne pourraient pas alimenter, et qu'il est nécessaire que ces branches aient un volume en épaisseur proportionné à leur allongement. En pareil cas, une taille courte concentre la séve, et la branche qui y est soumise acquiert une dimension plus grosse. Lorsque, par suite, un pareil arbre a repris une végétation plus active, on allonge la taille selon le besoin.

80. Le pêcher, formé en espalier carré, est établi sur deux *branches mères;* et, pour que sa charpente soit complète, il faut que chacune d'elles soit garnie, en dessous, de trois *branches secondaires* dites *inférieures*, et, en dessus, de trois *branches secondaires* dites *supérieures.*

81. Dans les jardins de maîtres, où les murs ont une plus grande élévation que les nôtres, on peut établir sur chaque branche mère quatre branches secondaires inférieures et supérieures; mais la formation de ces quatrièmes membres

s'opérant par les mêmes moyens que pour les trois autres, je me contenterai de détailler les opérations selon la méthode que j'ai suivie pour mes espaliers.

82. L'opération par laquelle on forme les branches secondaires inférieures, qui doivent être toutes établies avant de laisser développer les supérieures, est basée sur le principe posé plus haut (74) : que la taille faite sur un bouton à bois favorise son développement et celui des yeux qui sont placés au-dessous, dans la proportion de leur rapprochement de lui. Ainsi le bouton à bois qui suit immédiatement l'œil terminal combiné est celui qui, après ce dernier, prend une croissance plus considérable. D'après cela, quand il s'agit de former une branche secondaire inférieure, on taille sur un œil placé dessus ou devant la branche, et qui soit immédiatement suivi d'un œil placé en dessous : le premier a pour destination de prolonger la branche mère; le second, la formation d'une branche secondaire inférieure.

83. On peut aussi, pour former une branche secondaire inférieure, profiter d'uu bourgeon et même d'un redrugeon, pourvu que l'un ou l'autre soit placé immédiatement au-dessus de l'œil terminal combiné sur lequel on a taillé la branche mère. On laisse le plus souvent ce bourgeon ou redrugeon entier. Il est quelquefois utile de faciliter son développement par une incision longitudinale qui ouvre l'écorce jusqu'au liber, et qui se prolonge depuis la branche mère jusqu'à l'extrémité de la brindille.

Pour obtenir le même résultat, on peut aussi utiliser la pousse de l'année, l'arquer à l'endroit où elle aurait dû être taillée, et, à cet endroit, prendre un œil ou un bourgeon pour continuer la branche mère; ce bourgeon prendra toujours assez de développement étant dans une position plus verticale.

84. Pour obtenir chaque branche secondaire inférieure,

il est bien de choisir pour œil terminal combiné un œil placé en dessous ou en dehors, ce qui est synonyme; car nous appelons dehors ou dessous toutes les productions qui poussent sous les branches, et dedans ou dessus toutes celles qui croisent sur elles. En choisissant ainsi, l'œil terminal en dessous, il a une disposition naturelle à prendre la direction qu'on désire. Il en est de même pour la branche mère dans toutes les tailles qui suivent la formation des trois branches secondaires inférieures; mais, auparavant, cela ne se peut pas, à cause de la position alterne des boutons sur les branches, qui s'opposerait à ce que l'œil destiné à former une branche secondaire fût pris en dessous, condition essentielle dans ce cas. Il ne faut pas cependant choisir sans exception l'œil terminal combiné des branches mères ainsi que je viens de le dire. Il est des circonstances où on le prend n'importe où, pourvu qu'il soit à la hauteur convenable; ensuite le palissage régularise sa position. Lorsqu'une branche est plus forte que sa parallèle, il faut combiner sa taille de manière à rendre sa croissance moins rapide, pour que la branche faible, qu'on taillera de façon à activer son développement, ait le temps d'atteindre le même degré de force. Dans ce but, je taille la plus forte sur un œil triple (19), et je détruis celui du milieu, toujours le plus fort, avec la pointe de la serpette. Aussitôt que les deux autres croissent, je choisis celui qui me paraît le plus propre à remplir le but que je veux atteindre, et je supprime le bourgeon inutile. Enfin, lorsque cette inégalité est très-prononcée, on peut rapprocher la branche la plus faible jusque sur un bourgeon vigoureux, et faire de celui-ci la pointe de la branche, que l'on palisse avec l'attention de ne pas gêner sa croissance, et de lui faire prendre la direction nécessaire à la régularité de l'arbre.

85. Quant aux branches secondaires supérieures, on les forme, quand il en est temps, avec une branche à fruit

grosse comme un tuyau de plume qu'on peut laisser dans toute sa longueur, convenablement placée, d'une vigueur modérée, et qui ait déjà reçu une ou plusieurs tailles. On taille la branche qui a donné fruit l'année précédente, sur un œil à bois qui devient le terminal et a pour mission de la prolonger. Si on était obligé d'employer un fort rameau qui eût pour œil terminal combiné un œil à bois triple, il faudrait supprimer un œil de côté et celui du centre, et maintenir le second œil de côté pour faire le prolongement; si sur la partie inférieure il se trouvait un œil à bois triple, on opérerait de la même manière, en laissant, pour produire un rameau à fruit, l'œil de côté le mieux disposé. On pratique cette opération quand l'œil central a une longueur de 3 à 4 centimètres. Cette formation des branches supérieures secondaires a besoin d'être surveillée, afin que leur base reste bien garnie de petites branches fruitières, ce qui exige des soins et un emploi raisonné du palissage, du pincement et de l'ébourgeonnement, à cause de la tendance qu'a la séve à s'élever de préférence dans les voies qui lui sont ouvertes verticalement. Du reste, leur taille s'opère de même sur un œil terminal combiné, qui sert à les prolonger, et souvent, comme elles sont toujours très-vigoureuses, en les rabattant sur un bourgeon ou redrugeon convenablement disposé pour remplacer leur pointe, et qu'on taille lui-même sur un œil dormant convenablement choisi.

86. Ainsi qu'on le voit, la taille des branches à bois ne présente pas une grande difficulté, et l'on y réussira parfaitement, lorsque j'aurai détaillé les opérations mêmes qu'elles doivent subir, depuis la plantation de l'arbre jusqu'à sa complète formation.

87. 2. *Taille des branches à fruit.* — Dans un pêcher carré, excepté les deux branches mères et les douze branches secondaires qui constituent sa charpente, toutes les

autres productions qui garnissent leurs arêtes peuvent être considérées comme des rameaux et branches à fruit d'une nature mixte, car le plus grand nombre porte des fruits et des bourgeons.

88. Le moyen d'obtenir la plus grande quantité de fruit possible d'un arbre, sans excéder ses forces, consiste donc dans l'art d'entretenir, le long de l'arête de chacune des branches charpentières, des productions assez jeunes pour qu'elles puissent donner du fruit, faculté qu'elles perdent quand elles ont plus d'un an. Il faut donc savoir les faire succéder les unes aux autres par la suppression des branches qui ont fructifié, et qui ne sont plus que des branches à bois, par la taille raisonnée des rameaux qui deviennent branches à fruit, et par le développement de bourgeons destinés à remplacer ces mêmes rameaux.

89. Il y a sur les branches à fruit des yeux simples, doubles, triples, quadruples et plus nombreux (14 à 20). De là, quatre sortes de branches à fruit. La première, qui a les yeux simples, ordinairement à fleur, est grêle, allongée, et le plus souvent terminée par un œil de pousse; la *fig.* 3. *pl. I*, la représente. On voit en *a* l'œil de pousse terminal, et tous les boutons *b* sont simples et à fleur. Quelquefois elle a aussi à sa base un autre œil à bois *a*, et dans ce cas elle est encore favorablement constituée; elle se rencontre particulièrement dans les dessous et à la base des branches à bois, surtout dans les expositions qui voient moins le soleil.

90. La seconde (*fig.* 4, *pl. I*) a les yeux *c* doubles, l'un à bois, l'autre à fleur.

91. La troisième (*fig.* 5, *pl. I*) a les yeux *d* triples, deux à fleur et un à bois au milieu.

92. La quatrième, enfin, dont la longueur varie entre 5 et 8 centimètres, forme un petit dard *f* (*fig.* 9, *pl. I*), lequel, en se développant, montre un petit bouquet composé

de quatre boutons à fleur et quelquefois davantage (voyez en *g*, *fig.* 6, 7 *et* 8, *pl. I*), au centre desquels se trouve un œil de pousse *a*. C'est la branche à fruits par excellence, et qui donne les plus beaux et les plus assurés. Elle ne se rencontre que sur les arbres déjà formés, et presque toujours sur le vieux bois. Elle paraît être le résultat d'un œil à bois arrêté dans son développement en bourgeon par la rareté de la séve. Le peu d'affluence de celle-ci convertit presque tous les yeux à bois en boutons à fleur. Voyez *fig.* 8. Nous la nommons *cochonnet* à Montreuil, et elle est encore désignée, dans d'autres localités, sous les dénominations de *branche à bouquet* et de *bouquet de mai*.

93. Il faut savoir enfin que toutes les branches à fruit bien constituées ont toujours des boutons à bois à leur talon. C'est ainsi qu'on appelle le point le plus rapproché de leur insertion. Ce sont ces yeux qui offrent le moyen de former les *branches de remplacement*, dont je vais faire connaître l'importance en indiquant le procédé qui les fait naître.

94. Chaque année, les branches à fruit du pêcher donnent presque toujours naissance à autant de bourgeons qu'elles ont d'yeux. D'où il suit que, sous l'influence de cette disposition naturelle, un arbre n'aurait bientôt plus que des branches à fruit, sur lesquelles il n'existerait d'autres boutons à bois que le terminal. Ces branches, qu'on ne pourrait pas rabattre faute d'yeux inférieurs, s'allongeraient indéfiniment, et deviendraient des branches entièrement nues à leur base, et surmontées d'une branche à fruit qui couronnerait leur sommet. Outre l'aspect désagréable qu'offrirait un pareil pêcher, ses produits en fruits seraient peu abondants, en même temps que son existence serait abrégée. Il faut donc, par les combinaisons de la taille, s'opposer à un désordre semblable.

95. Ces combinaisons ont pour but la concentration de

la sève dans la partie inférieure de chaque branche à fruit, afin qu'aucun des yeux qui s'y trouvent et surtout des plus inférieurs ne puisse être éteint par l'action aspirante du sommet de la branche; cela pourrait arriver si on la conservait entière, ou si, quoique l'ayant taillée, on ne surveillait pas la croissance de l'œil de pousse, qui doit devenir la branche de remplacement pour l'année suivante. Tout l'art de la taille des petites branches consiste donc à conserver les yeux qui se trouvent à leur talon, pour qu'ils puissent être en état de se développer selon le besoin. On y parvient en taillant chaque rameau à fruit, *pour la première fois*, sur une longueur toujours proportionnée à sa force et à la place qu'il occupe, c'est-à-dire qu'on lui laisse un ou deux boutons à fleur suivant qu'il annonce être en état de les nourrir sans fatigue. On fait la coupe près et au-dessus d'un œil de pousse, qui devient le terminal. L'effet de toute taille étant de faire profiter la partie qui se trouve au-dessous, tous les boutons à bois et à fruit conservés s'ouvrent à la fois; on surveille le développement des bourgeons en favorisant toujours celui du plus inférieur, destiné à fournir la branche de remplacement; on supprime par l'ébourgeonnement tous ceux qui sont inutiles, et on arrête, par le pincement à 30 centimètres, ceux qui, devant être conservés, deviennent trop dominants.

96. L'année suivante, on rabat jusque sur ce bourgeon, qui est devenu rameau à fruit, toute la branche qui a fructifié l'année précédente, et on taille ce rameau pour en faire la branche de remplacement, qui donnera du fruit à son tour, et sur laquelle on favorisera, ainsi que je l'ai dit, le développement, à son talon, d'un ou deux yeux, dont l'un d'eux deviendra le rameau qui lui succédera. La même opération se fait successivement d'année en année; pour mieux la comprendre, voyez la *fig.* 14, *pl. I.* La branche A, taillée d'abord en *c*, a donné des fruits en *oo*, et poussé les rameau et bourgeon qu'on voit de *c* en A ; en même temps elle a produit le bourgeon B, qui est devenu rameau à fruit, et va servir à son remplacement. Pour cela, on la taille en *d*, au-dessus de l'insertion du rameau B, et celui en *e* au-dessus d'un œil double *i*, qui, ainsi que les deux autres simples *j*, *k* au-dessous, donnera du fruit. On voit, en *l* et *n*, deux yeux à bois qui, en croissant, fourniront l'un ou l'autre, l'année suivante, le rameau de remplacement.

97. Tel est le principe général qui a pour but de concentrer la séve et d'empêcher les yeux inférieurs de s'éteindre, parce qu'alors, n'ayant plus de moyens de remplacer la branche qui aurait fructifié, et qu'il faudrait cependant retrancher pour qu'elle n'opérât pas une déviation de la séve, il se formerait un vide à la place qu'elle occupait. Toutefois ce principe, trop absolu, reçoit quelques modifications que je vais indiquer en expliquant les règles applicables à chacune des quatre sortes de branches à fruit que j'ai dites exister sur le pêcher.

98. Première sorte. *Branches à boutons simples, fig.* 3, *pl. I.*—Cette sorte est la plus mauvaise, surtout lorsque, ce qui arrive le plus souvent, elle n'est pas munie, à son talon, d'un œil à bois dont il soit possible d'espérer une branche de remplacement. Lorsqu'il en est ainsi, la plupart des bons cultivateurs veulent qu'on la supprime. Je ne suis de cet avis que dans le cas où elle est inutile pour garnir l'arête; mais, toutes les fois qu'elle remplit un vide, il faut la conserver. On la laisse entière pour ne pas se priver du seul œil de pousse terminal qu'elle possède, et qui, en y appelant la séve, favorise la tenue d'un ou de deux fruits qu'on lui laisse, prenant soin d'abattre avec le doigt les boutons à fleur surabondants ; si l'année est abondante, on n'y laissera qu'un fruit. On la palisse en lui laissant autant de liberté qu'il est possible pour qu'elle prenne de la force ; et, lorsque son bourgeon de prolongement a provoqué une végétation

suffisante pour qu'elle soit bien imbibée du fluide séveux, on en pince l'extrémité herbacée, afin d'y concentrer la séve et de l'exciter à s'ouvrir une autre issue. Par ce moyen, on parvient quelquefois à faire sortir un œil à bois dans sa partie inférieure. Ce cas arrivant, on est sûr de pouvoir la remplacer convenablement en la rabattant sur ce nouveau bourgeon, pendant la taille en vert, si le fruit n'a pas tenu, ou, s'il a persisté, après la récolte.

99. Mais si cet œil si important ne se forme pas, et qu'il ne soit pas possible de supprimer cette branche sans produire un vide désagréable, il faut encore la conserver à la taille suivante, en rapprochant sa pointe sur l'œil de pousse le moins éloigné du vieux bois, afin d'essayer encore, par ce refoulement de séve, à faire produire un œil à bois plus inférieurement. Si cette production se formait, il faudrait aussitôt rapprocher la coupe jusque sur elle, à moins, cependant, qu'un fruit assuré n'engageât à retarder ce rapprochement jusqu'après leur récolte. Mais alors il faut contrarier assez le bourgeon supérieur par le pincement, pour que celui nouvellement sorti dans le bas ne coure pas le risque de s'appauvrir. Cette manière de traiter cette sorte de branche est d'autant plus importante, qu'elle existe plus particulièrement dans les dessous, où il ne faut négliger aucune occasion d'appeler la séve, qui a toujours une tendance à se porter plus vivement dans les dessus.

100. Deuxième sorte. *Branches à yeux doubles, fig. 4, pl. I, et* troisième sorte, *branches à yeux triples, fig. 5, même planche.* — Ces deux sortes de branches, que l'on rencontre le plus communément sur les pêchers où elles ont la grosseur d'un tuyau de plume, se taillent de la même manière l'une et l'autre. On supprime la branche qui a fructifié en descendant la coupe sur le rameau de remplacement, et on taille celui-ci sur un œil de pousse, en lui donnant une longueur assez grande pour qu'il y ait quatre ou six fleurs.

Ce rapprochement a pour but de ne laisser sur chaque branche que les fruits qu'elle peut nourrir sans fatigue, et, en concentrant la séve, de favoriser le développement des yeux ou bourgeons qui se trouvent au-dessous, et dont l'un d'eux deviendra, à la taille suivante, une nouvelle branche de remplacement.

101. Il peut arriver, dans cette sorte, comme dans la précédente, qu'une branche à fruit, taillée, l'année dernière, sur un œil de pousse unique, n'en ait point poussé à son talon pendant la période de sa végétation ; il faut alors la tailler sur l'œil le plus rapproché de cette taille précédente. S'il sort un œil inférieur, il convient de la traiter comme je l'ai dit (99).

102. Dans les dedans les branches à fruit prennent presque généralement plus de longueur que dans les dehors, ce qui tend à éloigner davantage de leur insertion les yeux les plus inférieurs. En pareil cas, on les palisse comme il est dit (104), après les avoir taillées assez longues pour conserver des fruits. S'il se forme un œil à leur base, il est bien, à l'époque de la taille en vert, pour en favoriser le développement, de pincer ou ébourgeonner tous les bourgeons placés en dessus. Sans cette précaution, les bourgeons supérieurs absorberaient la séve et le plus inférieur s'appauvrirait au point d'être dépourvu d'yeux à son talon, et on serait, par suite, dans la nécessité de prendre pour le remplacement un bourgeon mieux constitué, mais plus éloigné de la branche de la charpente.

103. Très-souvent dans les dedans où la fleur s'élève davantage, comme nous venons de le dire, on est obligé d'allonger la taille outre mesure, afin d'avoir du fruit. Il n'y a aucun inconvénient à cet allongement de la taille, seulement il est bon alors d'éborgner les yeux à bois qui existent au-dessous de la fleur la plus basse, à l'exception, bien entendu, de celui qui est le plus rapproché de la base et qui est disposé pour prendre assez de force et devenir une bonne branche de remplacement.

104. J'ai parlé de palisser d'une façon particulière une petite branche dépourvue d'œil à son talon (102), pour l'amener à en produire un indispensable à la formation du rameau de remplacement. Voici comment on agit : aussitôt qu'une petite branche semblable est taillée, on la palisse en sec sur le mur en la rapprochant, autant qu'on le peut, sans la briser, de la branche charpentière sur laquelle elle a son insertion. On sait que toute branche à fruit forme un angle plus ou moins ouvert avec la branche à bois qui la porte ; ici il s'agit de fermer cet angle le plus possible, et la courbure extraordinaire imposée à sa base par ce palissage serré y comprime fortement les fibres ligneuses et détend sur la partie extérieure les mailles du réseau de l'écorce. La séve, en faisant effort pour s'ouvrir un passage par les vaisseaux qui lui sont destinés et que la compression des fibres du talon a resserrés, parvient souvent à se faire jour au travers de l'écorce, et forme l'œil désiré. Toutefois ce procédé n'est applicable qu'à une branche d'un à deux ans.

105. Il n'est jamais nécessaire d'attendre l'époque de la taille pour rapprocher la petite branche sur son rameau de remplacement. Il y a constamment avantage à faire cette suppression toutes les fois qu'elle est possible, sauf à contrarier par le palissage et le pincement la croissance de ce rameau, s'il venait à s'emporter. Ainsi, pendant la taille en vert, si on en a le temps, on rabat toutes les branches sur lesquelles les fruits n'ont pas tenu ; et, en général, on fait bien, après la chute des feuilles, de supprimer tout le bois inutile, ce qui est autant de fait pour la taille suivante. En retranchant ainsi, dès cette époque, la plupart des branches qui ont fructifié, on fortifie les bourgeons de remplacement en les faisant jouir du peu de séve qui aurait entretenu la vie dans ces parties, et il en résulte toujours l'avantage pré-

cieux de ne pas contraindre l'arbre à nourrir en pure perte des productions qui doivent être retranchées. Ce soin est particulièrement nécessaire à l'égard des branches les plus faibles. Malheureusement les cultivateurs et les jardiniers chargés d'un grand jardin, à cause de leurs occupations multipliées, ne peuvent pas faire ces diverses opérations, qui, bien qu'utiles, ne sont toutefois pas indispensables.

106. QUATRIÈME SORTE. *Cochonnet, bouquet de mai, fig.* 6, 7, 8 *et* 9, *pl. I.* — Cette sorte de branche à fruit n'ayant qu'une longueur de 3 à 8 centimètres, et formant, le plus souvent, un bouquet de boutons à fleur, *fig.* 8, avec un seul œil de pousse au milieu qui suffit à l'alimentation des fruits, ne doit pas être taillée. On la conserve donc partout où elle se trouve, afin de récolter les pêches qu'elle fournit. Comme il ne s'en forme presque exclusivement que sur le vieux bois, il arrive qu'on en trouve sur le devant des branches de la charpente ; celles-là sont supprimées indispensablement après la récolte. Quant aux autres, on les rabat sur le bourgeon le plus près de leur insertion ; s'il ne s'en est pas formé, et que cependant elles soient utiles, on allonge la taille en la portant sur un œil ou bourgeon placé sur le jeune bois développé, depuis le printemps précédent, de l'œil terminal qu'on n'a pas taillé. On tâche, autant que possible, de conserver une fleur ou deux au-dessous de cette taille. Aussitôt l'opération faite, on palisse la branche comme il est dit (104), et quelquefois il en résulte le percement, sur son talon, d'un œil à bois capable de la remplacer à la taille suivante. Lorsque des yeux se développent à la base de la branche, on la taille comme je l'ai dit (100).

107. Malgré que, jusqu'alors, j'aie prescrit, conformément à l'ancienne croyance, de tailler toujours les branches à fruit sur un œil de pousse, jugé nécessaire pour le bon état de la végétation, je puis affirmer aujourd'hui que cet œil n'est pas indispensable à la conservation et au développe-

ment normal des fruits. Il en résulte que, dans certaines circonstances, comme l'obligation d'allonger une branche outre mesure pour aller trouver un bouton à bois trop élevé, je taille au-dessus d'un œil à fleur, sans qu'il en résulte le moindre inconvénient, pourvu que la base de la branche soit convenablement constituée. (Voyez *Note VII.*)

108. On dépalisse entièrement l'arbre avant de le tailler, afin de ne pas casser ou éclater quelques branches pendant l'opération. On visite les murs et les treillages, on détruit les insectes, et on rétablit la propreté, qui importe beaucoup à la santé de l'arbre. Il ne faut dépalisser qu'au moment de tailler, et dresser son arbre immédiatement après la taille, afin qu'il n'ait rien à redouter des intempéries qui peuvent survenir à cette époque.

109. Je commence toujours la taille par les petites branches, en suivant l'arête de chaque branche de la charpente du haut en bas. Cette méthode a l'avantage de faire mieux juger de la force des productions supérieures, et facilite les moyens d'équilibrer, avec elles, celle des petites branches des dessous et de la base des branches de la charpente, toujours moins vigoureuses que celles des pointes et des dedans. Après que chaque petite branche a été taillée selon les principes que j'ai posés, je dresse mon arbre en donnant à chaque branche à bois l'inclinaison que je juge nécessaire, et seulement alors je taille leur pointe.

3. *Du dressage.*

110. C'est, à proprement parler, le premier palissage qui se fait immédiatement après la taille d'hiver : il consiste à attacher contre le mur ou le treillage toutes les branches constituant la charpente de l'arbre. Dès cette opération, on

donne au pêcher la forme régulière qu'il doit présenter, en forçant ses branches à se maintenir à la distance et dans la position jugées convenables. Plus on taille de bonne heure, plus il est important de dresser immédiatement son pêcher, parce que, s'il survient quelque intempérie, il en éprouve moins les mauvais effets, étant appliqué contre le mur, et garanti par les chaperons et paillassons dans les expositions les plus dangereuses. Il est essentiel que toutes les branches à bois soient attachées en ligne parfaitement droite, parce que la moindre courbe peut appeler la séve dans les productions qui s'y trouvent, et leur donner une force disproportionnée et qui devient embarrassante. Sous ce rapport, le dressage a une importance encore plus grande que sous celui de l'aspect régulier qu'il peut offrir à l'œil. Quoique cette opération paraisse assez simple, elle n'est cependant pas sans mérite lorsqu'elle est bien faite ; et il n'arrive pas toujours qu'on parvienne à bien dresser un pêcher du premier coup. Le cultivateur intelligent et qui a l'amour de son état ne balance jamais à revenir sur son travail, afin de lui donner toute la régularité convenable.

111. Le dressage est un excellent moyen de ramener l'équilibre de force entre deux ailes dont l'une l'emporterait sur l'autre, ainsi qu'entre deux branches charpentières d'une même aile où la séve se porterait inégalement. Il suffit, pour atteindre ce but, ou de serrer fortement contre le mur la partie la plus forte, afin de gêner sa végétation, ou de donner à la partie faible une plus grande liberté dans ses liens, pour que l'air dont elle est mieux environnée favorise le développement vigoureux de ses productions. Ces deux moyens peuvent être employés isolément ou simultanément, selon le besoin. Quelquefois même on porte provisoirement l'aile faible en avant, à 10 ou 12 centimètres du mur, et on la dresse sur des tuteurs disposés à cet effet, et, lorsque l'équilibre est rétabli, on la remet à sa place. Ce dernier moyen ne doit être employé que lorsque les intempéries ne sont plus à craindre.

112. On peut encore, en dressant le pêcher, attacher plus verticalement la partie faible, et plus horizontalement la partie forte. La séve afflue davantage dans la partie redressée, et l'équilibre se rétablit. Ces deux moyens peuvent être employés à la fois dans les jeunes arbres; mais, dans ceux qui sont complétement formés, il arrive qu'il n'est plus possible de faire descendre davantage la partie forte, on n'a alors d'autre ressource que le redressement plus vertical de l'aile ou de la branche languissante. L'emploi de ces divers moyens doit cesser aussitôt que la séve, mieux répartie, a rendu les forces égales.

113. Pour faciliter l'opération du dressage et lui donner toute la régularité désirable, on fixe, sur le mur ou sur le treillage, des tuteurs placés et dirigés de façon à guider la position des branches de la charpente; ces tuteurs sont supprimés lorsque la formation est complète et que ces branches gardent d'elles-mêmes la place qui leur est assignée.

4. *Du palissage.*

114. Le palissage consiste à attacher, à la place qui leur convient le mieux, toutes les branches d'un pêcher, de quelque nature qu'elles soient. Le dressage, dont il vient d'être question (110), est, à proprement parler, le palissage des branches charpentières.

115. D'après cela, le palissage, comme je l'entends, ne s'applique plus qu'aux petites branches ou branches à fruit, et aux bourgeons et rameaux, au fur et à mesure que ces derniers se développent. On conçoit ainsi qu'on trouve à palisser pendant toute la durée de la végétation du pêcher; cependant, il y a deux époques plus spécialement consacrées

à cette opération, d'où deux sortes de palissages, celui en sec et celui en vert.

116. A Montreuil, on dresse et on palisse avec des clous et des loques de laine qui enveloppent la partie que l'on veut fixer sans la serrer, afin de ne point l'étrangler ; c'est pourquoi l'on n'emploie pas de chiffons de toile, qui se resserrent ou s'étendent selon le degré de l'humidité, et qui, ne se laissant pas percer facilement par les clous, ne permettent pas de calculer aussi bien la tension qu'on veut produire. On appelle cette opération *palissage à la loque*.

117. Lorsque les murs sont garnis d'un treillage, c'est sur lui qu'on dresse les branches de la charpente, en les assujettissant avec des liens d'osier. On y palisse également les petites branches, et les nouvelles productions qui constituent leur arête, en les attachant avec du jonc. On ajoute pour le dressage (113) des baguettes que l'on supprime ensuite.

M. Clavier, horticulteur à Tours (Indre-et-Loire), a imaginé de fabriquer des treillages auxquels il donne la forme que l'on se propose pour l'arbre ; ces treillages facilitent le dressage et la direction des branches pour lesquelles il n'est plus besoin de tuteur.

118. Depuis un certain temps, on voit quelques murs d'espaliers garnis de treillages en fil de fer. Si l'on en fait usage, il faut aussi employer des tuteurs (113) pour le palissage des branches de la charpente ; et, toutes les fois qu'on peut être obligé d'en lier une sur le fil de fer, il faut avoir soin d'entourer celui-ci de plusieurs révolutions de l'osier avec lequel on ligature, afin que l'écorce pose dessus, et ne soit pas exposée à être écorchée et rouillée par son contact avec le fil de fer.

Lorsqu'on ne place pas de tuteurs, on mettra entre la branche et le fil de fer une loque ou un morceau de liége pour préserver la branche charpentière.

On garnit encore les murs avec des lignes de fil de fer galvanisé qu'on tend, soit horizontalement, soit obliquement au sol, suivant le système de M. Collignon d'Ancy (1). Ces fils sont maintenus roides par des extenseurs ou roidisseurs; ils sont espacés de 10 à 30 centimètres. Lorsqu'on emploie ces fils tendus sur les murs, on doit prendre les mêmes précautions qu'avec le treillage en fil de fer.

119. A. — *Palissage en sec.* C'est la première opération qui se fait après la taille d'hiver et le dressage. On attache toutes les petites branches qui garnissent les arêtes des branches charpentières selon la place qu'elles doivent occuper, en ayant égard à leur état de conformation et de force.

120. J'ai dit (111) qu'en contrariant par un dressage serré, et maintenant dans une position gênée une branche à bois qui menace d'être trop forte, on ralentit sa croissance; qu'en lui laissant, au contraire, une plus grande liberté on fait cesser son état de langueur. Le palissage agit de même sur les petites branches. Cette gêne, qu'on peut produire par le palissage, a des effets utiles, principalement dans les dedans et vers les pointes où la végétation, toujours plus vigoureuse, a besoin d'être maintenue davantage, parce qu'elle éloigne bien plus les yeux du point de l'insertion de la branche. Au contraire, dans les dessous il faut palisser de façon à ce que chaque branche soit dans la position la plus favorable pour permettre un libre accès à la séve. On palisse encore de telle sorte que les petites branches soient assez rapprochées des branches de la charpente pour les garantir du soleil par l'ombrage de leurs feuilles, et pour qu'il n'existe aucun vide. En un mot, il faut, à quelques exceptions près, qui comprennent les petites branches qui ont besoin d'être gênées, ainsi que je viens de le dire, que toutes les branches à fruit forment, avec la branche de la charpente qui les nourrit, un angle droit plus ou moins ouvert.

(1) Thiry jeune, treillageur en fer, rue Lafayette, 121.

121. Cependant, quelque prévoyance et quelques soins qu'on apporte à l'entretien de la petite branche, il peut arriver qu'il se forme un vide sur l'arête. Dans une circonstance pareille, et qui se présente plus communément dans les dessous, voici comment j'y remédie: la *fig.* 17, *pl. I*, me servira à expliquer cette opération. On voit qu'en A il s'est formé un vide en dessus et en dessous; pour le remplir, j'allonge à la taille la petite branche *a*, placée de chaque côté immédiatement au-dessous de ce vide, et je lui laisse prendre le développement nécessaire. Je supprime tous les yeux qui peuvent exister dans les intervalles des trois rameaux *bbb*, et je favorise le développement de ceux-ci pour en faire autant de branches à fruit. Cela obtenu, la branche *a* étant palissée aussi près que possible de la branche charpentière qui la porte, il n'apparaît aucun vide, et l'arête est aussi bien garnie à cette place dénudée que partout ailleurs. Quant aux trois rameaux *bbb*, je les traite comme je l'ai dit pour les petites branches, et, successivement remplacés comme elles, ils donnent du fruit de même. Ce procédé fort simple a le double avantage d'empêcher que l'arête ne soit défectueuse, et de fournir, par l'existence de ces trois petites branches, des pêches dont on serait privé, si on négligeait de l'employer. J'ai eu l'occasion, il y a vingt ans, de regarnir ainsi, à Andilly, des branches charpentières où se trouvaient des vides énormes. Pour cela j'ai fait filer, le long de leurs arêtes, une jeune branche conduite comme je viens de le dire, et que j'attachais dans les mêmes liens que la branche de la charpente dont elle devait dissimuler les vides. De cette façon on s'apercevait à peine du moyen employé.

122. Aujourd'hui on regarnit facilement les vides qui se forment dans l'arête des branches charpentières, au moyen de la greffe en approche en vert, offrant plus de régularité que celui-ci, qui demande plus de temps, et que néanmoins je con-

seillerai pour les arbres bien tenus, encore jeunes, pourvu, toutefois, qu'ils ne soient pas sujets à la gomme. Pour cela, on couche sur la partie dénudée un bourgeon appartenant à une branche à fruit voisine, le plus souvent placée inférieurement. La première opération faite, le bourgeon, continuant sa croissance, peut être regreffé dix ou douze jours après, s'il manque encore d'autres branches à fruit. Cette opération peut être répétée trois ou quatre fois, selon le besoin; l'époque la plus convenable est juin et juillet. Sur la place dénudée, on enlève jusque sur l'aubier une partie d'écorce de la longueur de 3 centimètres et d'une largeur égale au diamètre de la greffe. Le bourgeon doit commencer à prendre une consistance ligneuse au point où a lieu l'union des deux plaies, et se prolonger de 15 centimètres de long plus loin que cette place. On lui enlève une portion d'écorce qui va au delà de l'étui médullaire, et laisse au bourgeon un tiers au plus de son épaisseur. On veille à ce qu'au centre de la place appliquée reste un œil en dessus, qui se développe comme celui d'un écusson. On peut greffer ainsi sur des branches depuis l'âge de deux ans jusqu'à quinze ou vingt ans; il arrive souvent que la greffe ne remplit pas le vide de l'écorce enlevée sur le sujet, qui est d'autant plus épaisse qu'il est plus âgé. En pareil cas, pour que la ligature soit solide et que la greffe soit fixée sur l'aubier, on prend de la moelle de sureau ou de petits morceaux de liége dont on remplit le vide et sur lesquels on ligature, en protégeant la feuille de l'œil conservé au centre. Cette greffe, bien faite, peut être sevrée un mois après l'opération, mais le plus souvent à la taille d'hiver. Si cette greffe fleurit, elle peut fructifier l'année suivante; elle subit la même taille que les branches à fruit qui y sont nées naturellement.

123. Pendant le palissage en sec, il arrive qu'on a besoin de supprimer des yeux inutiles, ce qui constitue l'opération

qu'on nomme *éborgnage*. J'aurais dû placer ici les détails qui lui sont relatifs; mais j'ai cru mieux faire de compléter l'article du palissage, et de porter à sa suite ce qui regarde l'éborgnage.

124. B.—*Palissage en vert.* Le palissage en vert consiste à attacher sur le mur, selon le besoin, les jeunes productions qu'émettent les boutons à bois, lorsque, par suite de la taille et du palissage en sec, la végétation a suivi son cours.

125. Toutes les fois qu'on en a le temps, on devrait suivre le développement des nouveaux bourgeons, afin de combiner leur palissage sur leur force, la place qu'ils occupent, leur destination et leurs proportions avec les autres productions; mais, ainsi que je l'ai déjà dit, les cultivateurs sont trop occupés pour pouvoir prendre ces précautions minutieuses.

126. La plupart d'entre eux laissent donc les nouvelles productions croître au hasard, jusqu'au moment où il devient urgent d'arrêter le désordre, et ils procèdent alors à un palissage général en vert. C'est le plus ordinairement vers la deuxième quinzaine de juin que cette opération est faite. On arrache successivement, à mesure qu'on palisse, tous les clous qui ont servi au dressage et au palissage en sec, afin de les utiliser pour celui-ci. Ce procédé, qui économise les clous et empêche que le pêcher en soit, pour ainsi dire, lardé, et que quelques fruits en soient désagréablement marqués, donne de l'aisance aux branches, qui quelquefois restent dans leur position. Comme il arrive souvent, surtout dans les jeunes pêchers, qu'en dressant l'arbre après la taille d'hiver on n'a pas pu incliner suffisamment les branches charpentières, dans la crainte de les faire fendre à leur insertion, alors on dépalisse complétement le pêcher, pour abaisser ces branches au point nécessaire, ce à quoi elles se prêtent d'autant mieux qu'elles sont rendues plus souples

par la circulation de la séve. Toutefois, en pareille circonstance, les branches mères n'ont pas toujours assez de force pour soutenir les branches secondaires chargées de leurs productions en feuilles et en fruits; c'est pourquoi il faut, avant de les dépalisser entièrement, les lier l'une à l'autre, à 30 centimètres de leur base, avec de forts liens d'osier qui en arrêtent l'écartement et empêchent qu'en les abaissant elles ne se fendent à leur jonction. On garantit, par un morceau de liége, l'écorce des branches mères de la pression de ces liens d'osier. Lors même que, dans les vieux pêchers, toutes les branches de la charpente, après avoir été dépalissées, se maintiendraient parfaitement sans attaches dans la position qu'on leur aurait fait prendre et à laquelle il n'y aurait rien à changer, il n'en faudrait pas moins assujettir les deux branches mères avec un ou deux clous et des loques. Il va sans dire que, pour les arbres palissés sur treillage (117), on coupe tous les liens qui ont été placés au palissage en sec, à mesure qu'on procède au palissage en vert.

127. Dans cette opération, on palisse tous les bourgeons qui se sont développés sur les pointes des branches charpentières et sur les petites branches qui garnissent leurs arêtes, en les espaçant convenablement, dans la direction nécessaire et de façon qu'il n'y ait point de confusion. On commence toujours par les parties les plus élevées, et on palisse successivement en descendant.

128. Le palissage en vert produit sur les bourgeons le même effet que le palissage en sec sur les petites branches, selon qu'il est plus ou moins serré. On laisse donc plus ou moins de liberté, selon qu'on veut que le bourgeon sur lequel on opère pousse vigoureusement, ou soit retardé dans sa croissance.

129. Il y a des cas aussi où, après avoir palissé d'abord tous les dessus, qui, comme on le sait, sont toujours plus

développés que les dessous, par la disposition naturelle qu'à la séve à se porter sur les parties plus élevées, on laisse en liberté pendant un temps plus ou moins long, dix à quinze jours, toutes les productions des dessous, qui en profitent pour se fortifier et se mettre plus en rapport avec les bourgeons des dessus.

130. Si pendant le palissage en sec on a quelques occasions d'éborgner des yeux inutiles, pendant le palissage en vert on en trouve de fréquentes de pincer, ébourgeonner et tailler en vert.

5. *De l'éborgnage.*

131. Cette opération, que quelques personnes appellent improprement *ébourgeonnement à sec*, et qui n'est qu'un véritable éborgnage, puisqu'elle n'agit que sur des yeux, se fait en même temps qu'ont lieu la taille d'hiver, le dressage et le palissage en sec. Quoiqu'elle soit fort peu en usage à Montreuil, pour ne pas dire négligée, je crois devoir en parler, pour ne pas donner à penser que je ne la connais pas. Elle consiste à faire tomber avec le doigt les yeux à bois ou à fruit que l'on juge inutiles, et dont le développement absorberait une certaine quantité de séve qu'il est plus avantageux de faire passer au profit des boutons que l'on conserve. On éborgne sur les branches à bois, en supprimant les yeux qui poussent devant et derrière, lorsqu'on est certain qu'ils sont inutiles, et quelques-uns parmi les doubles ou triples qui se trouvent souvent à leur sommet, quand il y a lieu de modérer leur force. On éborgne sur les branches à fruit en supprimant les yeux à bois qui pourraient nuire à la croissance de ceux du talon. En général, cette opération, lorsqu'on la fait, exige de la réflexion, parce qu'un ébor-

gnage pratiqué au hasard, et qui détruit trop d'yeux, peut être fatal, à cause des intempéries qui surviennent souvent. Il vaut mieux, en tous cas, laisser plus que moins d'yeux ; c'est pourquoi je n'attache pas une grande importance à l'éborgnage, par la raison que l'ébourgeonnement, qui est bien préférable, est un excellent moyen de rétablir l'équilibre, avec d'autant plus de certitude, que l'état de la végétation, se trouvant plus avancé, permet d'apprécier plus sûrement les suppressions utiles à faire.

132. Il en est de même de l'éborgnage sur les petites branches de dessus, qui, en poussant vigoureusement, ont leur base garnie de plusieurs yeux à bois et leurs fleurs fort élevées, ce qui oblige à allonger la taille outre mesure pour avoir des fruits. En pareil cas, on conserve deux yeux les plus rapprochés de leur talon, afin de se ménager un rameau de remplacement près de l'insertion sur la branche de charpente ; et, pour que les boutons à bois qui se trouvent entre les fleurs et ceux que l'on conserve ne nuisent pas au développement de ceux-ci, on les annule au moment de la taille, ou on les ébourgeonne, comme je le dirai plus loin, dès qu'ils commencent à pousser. Le premier procédé est sans inconvénient sur les arbres faits, où la séve a perdu sa fougue ; mais, dans les arbres jeunes et vigoureux, il vaut mieux attendre, pour opérer cette suppression, que les yeux soient ouverts en bourgeons, qu'on laisse assez de temps pour amuser la séve et l'empêcher de se porter trop abondamment sur le bourgeon de remplacement.

6. *De l'ébourgeonnement.*

133. Ebourgeonner, c'est supprimer tous les bourgeons et faux bourgeons ou redrugeons nuisibles ou inutiles, dans le but de concentrer la séve, de favoriser la croissance des bourgeons qu'on conserve, et de leur ménager un espace suf-

fisant pour les palisser avec ordre et symétrie. L'ébourgeonnement, pour produire d'heureux résultats, doit être divisé en deux opérations distinctes. La première a lieu aussitôt que tous les yeux d'un pêcher, ouverts en bourgeons, permettent de reconnaître ceux utiles ou surabondants; elle suit le palissage en sec. La seconde se pratique successivement selon les phases de la végétation ultérieure, et agit aussi bien sur les sous-bourgeons ou redrugeons que sur les bourgeons.

134. La première opération remplace avantageusement l'éborgnage, que je ne conseille pas. C'est le plus ordinairement en mai, plus tôt ou plus tard, selon la précocité de la végétation, mais toujours avant que les bourgeons aient pris trop de force, qu'il faut retrancher ceux qui doivent être supprimés. On conçoit que, si l'on attendait trop tard, les bourgeons, ayant acquis une plus grande vigueur, porteraient, par leur suppression, un trouble grave dans la circulation de la séve. Il importe donc beaucoup de faire ce premier ébourgeonnement lorsque les bourgeons sont encore herbacés et à peine longs de 2 centimètres. Il a lieu sur les petites branches dans le cas prévu (132), et sur les rameaux de l'année qui terminent les branches à bois que l'on vient de tailler. Il arrive, en effet, que ces rameaux, résultats de la taille précédente, ont formé un plus grand nombre d'yeux triples, surtout dans les pêchers vigoureux. Ces yeux, en s'ouvrant tous à la fois, développeraient des bourgeons qui, si on les conservait, attireraient à eux une trop grande quantité de séve. C'est pourquoi, dès leur premier essor, il faut supprimer invariablement celui du milieu, qui a toujours plus de force, et ne conserver des deux autres que le mieux placé, pour garnir régulièrement l'arête en devenant plus tard une branche fruitière. A l'égard des bourgeons doubles, on agit de la même manière que je viens de le dire pour ces deux derniers. Ce premier ébourgeonnement, qui est de la

plus grande importance pour la beauté et la régularité des arêtes et pour le maintien d'un juste équilibre dans la végétation, peut être fait avec la main sur les branches fruitières, et avec la pointe de la serpette sur les rameaux de prolongement des branches à bois.

135. Comme il est toujours inutile de faire consommer, en pure perte, une séve qui est souvent trop rare dans les parties basses, l'ébourgeonnement ultérieur doit, dans les arbres bien conduits, être toujours fait successivement et au fur et à mesure du besoin ; car, si l'on attendait, pour ébourgeonner, qu'il y eût un trop grand nombre de bourgeons à supprimer, et qu'on ne fît qu'un seul ébourgeonnement, on pourrait faire dépérir le pêcher. Cependant il y a des cultivateurs qui n'ébourgeonnent qu'une seule fois, en juillet, et retranchent, dans la même journée, tous les bourgeons qu'ils trouvent inutiles, ce qui est une faute grave ; à Montreuil, c'est presque exclusivement à la suppression, faite d'un seul coup, des bourgeons et redrugeons qu'il faut attribuer le manque de branches à fruit qu'on remarque sur tant de pêchers. Ce second ébourgeonnement s'opère en coupant avec la serpette ou le sécateur les bourgeons à supprimer le plus près possible de leur insertion.

7. *Du pincement.*

136. De toutes les opérations complémentaires de la taille, celle-ci est, sans contredit, celle dont les effets ont le plus d'importance ; elle consiste dans la suppression de l'extrémité herbacée des bourgeons, dont la conservation est utile : on la retranche en la pinçant entre les ongles du pouce et de l'index de la main. Son but est de ralentir le développement de ceux qui poussent trop vigoureusement, et dont la végétation deviendrait prépondérante, et de favoriser la croissance des plus faibles, en refoulant à leur profit une certaine portion de séve. Le pincement diffère essentiellement de l'ébourgeonnement, en ce qu'il n'est qu'un moyen de suspendre momentanément l'essor d'un bourgeon, tandis que l'ébourgeonnement en est la suppression totale.

137. C'est pourquoi on pince tous les bourgeons dont on veut modérer la croissance, quelle que soit la place qu'ils occupent, et souvent aussi pour aider au développement de ceux qui viennent après eux. C'est ainsi qu'on pince le bourgeon terminal d'une branche dont la longueur a pris la dimension que l'on désirait, et cela pour l'arrêter et faire passer la séve qui s'y porte au profit des bourgeons ou yeux inférieurs, dont un plus grand développement est nécessaire au but qu'on se propose.

138. L'opération du pincement exige une grande intelligence du mode de végétation du pêcher. Il est indispensable sur les arbres en espalier, et principalement sur les parties supérieures, où la séve se porte avec plus de fougue. Cette opération n'a point d'époque fixe ; elle est commandée par l'état de la végétation de chaque branche : aussi se fait-elle successivement et à plusieurs reprises, depuis la fin d'avril jusqu'en septembre, selon les pousses que fait le pêcher, et selon que l'équilibre de végétation est plus ou moins menacé de se rompre. Il est donc utile de surveiller la marche de la séve dans les pêchers qui végètent continuellement, et l'on peut dire qu'on trouve souvent l'occasion de nouveaux pincements, que la séve, contrariée par les premiers, a rendus nécessaires. Les bourgeons qui annoncent devoir être gourmands (on les reconnaît à leur gros empattement) doivent être palissés aussitôt que possible et serrés fortement sur la branche de charpente ; ces mêmes bourgeons, comme tous ceux bien constitués, seront pincés à 30 centimètres de longueur, c'est-à-dire à dix ou douze feuilles ; ce pincement fait développer trois ou quatre bourgeons anticipés au sommet ; alors on rabattra sur celui placé le plus avanta-

geusement pour prolonger la branche avec plus de régularité, et éviter une seconde attache, s'il est possible ; on supprime les autres (c'est ce qu'on appelle la taille en vert).

On remarquera que si on venait tardivement faire le pincement, lorsque le bourgeon est devenu ligneux, il faudrait pincer plus long dans la partie herbacée. J'ai l'habitude de pincer mes bourgeons derrière une feuille, de façon que l'arbre ne paraît pas avoir subi cette opération, et beaucoup de cultivateurs s'étonnent, en le voyant, de la régularité et de l'équilibre des forces de ses productions.

139. On ne peut pas empêcher que des faux bourgeons, redrugeons, ou bourgeons anticipés, se développent sur les bourgeons conservés, et notamment sur ceux qui ont été pincés. Les redrugeons qui poussent sur les bourgeons de prolongement doivent être pour la plupart pincés au-dessus de la huitième ou dixième feuille et palissés de suite. Ici le pincement doit être préféré à l'ébourgeonnement, qui, en supprimant entièrement le sous-bourgeon, détruirait les yeux qui se forment le long de sa base et le rendent propre à constituer une petite branche sur l'arête du bourgeon de prolongement lorsqu'il sera devenu branche à bois, tandis que le pincement, au contraire, en favorise la bonne organisation. Il faut avoir soin de palisser tous les bourgeons pincés, aussitôt l'opération faite.

140. Il n'est pas rare, dans les dessus, que le bourgeon terminal des branches fruitières prenne une croissance capable de nuire au bourgeon de remplacement. Il faut alors pincer le premier, mais assez long pour ne pas faire passer trop de séve au dernier. Si ce pincement faisait ouvrir quelques yeux en faux bourgeons, il faudrait se garder de les pincer, ce qui ne ferait qu'augmenter le désordre, mais par une taille en vert les rabattre sur le faux bourgeon le plus inférieur.

141. Parmi les faux bourgeons ou bourgeons anticipés

qui s'ouvrent prématurément sur les bourgeons de prolongement, le pincement est beaucoup plus important sur ceux placés en dessus que sur ceux placés en dessous, qui, moins influents, n'ont pas toujours besoin de le subir.

142. En général, le pincement, étant une opération toute de prévoyance, doit être parfaitement calculé, parce que, lorsqu'il est exagéré, ses effets sont désastreux ; c'est pourquoi je conseille une grande prudence dans son emploi, et je puis dire que sur mes arbres c'est tout au plus si le tiers de mes bourgeons le subissent.

8. *Suppression des fruits.*

143. La crainte des intempéries, souvent si fatales à la floraison du pêcher, engage, au moment de la taille, à maintenir beaucoup plus de fleurs que les forces de l'arbre ne l'exigent, et il en résulte que, si le temps est favorable, il reste trop de fruits. La fructification étant une opération très-pénible, les pêchers pourraient en recevoir du dommage, si elle était exagérée ; c'est pourquoi il faut supprimer l'excédant. Toutefois, dans les années de production ordinaire, on ne doit le faire que dans le mois de juin, époque de la formation du noyau, moment de crise qui fait tomber beaucoup de fruits. Lorsque ceux qui restent paraissent assurés, on enlève les surabondants pour n'en laisser que le nombre que l'arbre peut nourrir sans fatigue, et auxquels il fera prendre la perfection désirable de volume et de saveur. Dans cette opération on éclaircit ceux qui sont trop rapprochés de façon à les répartir également et à des distances uniformes, en gardant de préférence les mieux placés, et dont le développement s'annonce d'une façon régulière.

144. On supprime d'abord ceux qui sont au sommet des branches faibles ou portés par des branches dont le bourgeon de remplacement paraît languissant, et on en laisse toujours moins dans les dessous que dans les dessus, quoiqu'il y ait plus de fleurs sur les premiers que sur les seconds. On détache les fruits à supprimer en les tournant avec le pouce et les deux premiers doigts, sans secousse et en ayant soin de ne pas ébranler ceux qu'on veut conserver. Lorsque la végétation est bien équilibrée, on égalise, autant qu'on le peut, le nombre de fruits sur chaque aile, et, si l'opération est bien faite, on obtient une sorte de régularité qui ferait volontiers croire qu'ils ont été placés à la main. Des pêches vertes qu'on obtient ainsi peuvent être utilisées par les confiseurs. Malgré les suppressions de la nature et celles que je fais moi-même, je laisse encore, sur chaque pêcher carré, quatre ou cinq cents pêches dont la beauté et le volume presque égal payent bien la peine que j'ai prise.

145. Mais, dans les années de grande abondance, si l'on attendait la formation du noyau pour faire les suppressions, l'arbre pourrait être épuisé. Dans un cas semblable, la suppression doit être faite en deux fois, la première avant le mois de juin, et l'on supprime ce qui paraît évidemment de trop, et la seconde après que la nature a fait sa suppression, pour régulariser la production comme je l'ai dit.

146. Le nombre plus ou moins grand des fruits est un moyen de concourir à l'équilibre des forces dans les diverses parties du pêcher, ainsi que je le dirai plus loin.

9. *De la taille en vert.*

147. Cette opération est ainsi nommée parce qu'elle se fait à une époque où le pêcher est garni de feuilles. En général, elle a pour but de réparer les mauvais résultats de la taille d'hiver, ceux du pincement, et les oublis de l'ébourgeonnement ; elle a encore pour but de concentrer la sève dans le pêcher, en supprimant, longtemps avant la taille, qui les aurait inévitablement retranchées, des productions inutiles qui auraient consommé de la séve aux dépens de celles qui doivent être conservées.

148. La taille en vert, que l'on pratique avec le sécateur et la serpette selon les cas, trouve moins d'applications sur les branches à bois que sur celles à fruit, surtout lorsque la taille d'hiver est faite par une main habile. Cependant voici quelques circonstances où l'on doit l'employer : lorsque l'on a pincé trop sévèrement le sommet d'un bourgeon vigoureux, il arrive ordinairement que les yeux les plus élevés s'ouvrent à la fois, et que plusieurs faux bourgeons viennent augmenter le désordre. On croit bien faire de les pincer à leur tour, et il en résulte le plus souvent un assemblage de productions vertes réunies presque sur le même point, et auxquelles on donne le nom de *tête de saule*, agglomération qui attire à elle une grande masse de séve et peut appauvrir les productions utiles du voisinage. Dans ce cas, il faut retrancher toutes ces pousses menaçantes sur l'un des faux bourgeons le plus inférieur et le plus faible et en pincer l'extrême sommet avant de lui donner le temps de former des yeux sur sa longueur. Il en résulte que la séve, trouvant sur ce point toutes les issues fermées momentanément, prend d'autres directions avant d'avoir pu les rouvrir.

149. Toute suppression de bourgeons, et notamment celle faite après la séve d'août, lorsque leur base est déjà ligneuse, est une véritable taille en vert.

150. Il arrive quelquefois que, dans la forme carrée, les branches secondaires supérieures d'un pêcher formé s'emportent outre mesure pendant la première période de la végétation, malgré le pincement qu'on fait subir à leur bourgeon terminal et à ceux qui le suivent pour arrêter leur essor ; en pareil cas, il faut les rabattre sur un faux bourgeon faible, à l'aide duquel on reformera leur pointe.

151. Quant aux autres branches à bois, ce n'est guère qu'en cas d'accident survenu à leur pointe, comme rupture par le vent, maladie grave résultant de la présence de la gomme ou d'une autre cause qui altère le bourgeon de prolongement, qu'il faut, à la taille en vert, rapprocher la pointe sur un bourgeon inférieur jugé convenable pour la remplacer, en tenant compte de la position des branches et de leur force relative, afin de le choisir plus ou moins vigoureux, et le traiter ensuite comme la nécessité l'exige.

152. La taille en vert est pour les branches à fruit ce que l'ébourgeonnement est pour les bourgeons inutiles. Il arrive quelquefois que, trompé par de spécieuses apparences, on a conservé une ou plusieurs branches à fruit qui n'ont pas réalisé l'espoir qu'on avait conçu, et sans lequel on les aurait supprimées de suite; on les rabat alors sur le bourgeon le plus rapproché de leur talon, afin de se débarrasser du bois inutile, et de favoriser le développement de ce bourgeon, qui, l'année suivante, pourra devenir lui-même branche à fruit. Cette suppression, qui n'est, à proprement parler, qu'un rapprochement et non une taille en vert, puisqu'elle n'a pas lieu sur le jeune bois, empêche une absorption inutile de séve, et aide d'autant à ce qu'il n'y ait pas de confusion et à ce que l'air circule plus librement. C'est aussi à la taille en vert qu'on supprime le sommet du bourgeon de remplacement, sur le faux bourgeon le plus inférieur de ceux qui se sont formés par suite du pincement. Cette opération, fort importante, concentre la séve, et fait profiter convenablement la partie conservée, qui se garnit d'yeux à bois et à fleur bien constitués (137).

153. Il arrive aussi, souvent, qu'une petite branche de la première sorte (88 et 89), qu'on a allongée outre mesure pour trouver un œil terminal, et qui, au moment de la taille, n'avait point d'œil de pousse à son talon, en a développé un; alors on la rapproche sur ce bourgeon, quoiqu'elle porte

des fruits, afin de ne pas perdre l'occasion d'obtenir ainsi une branche de remplacement.

154. La taille en vert, qu'on nomme également *rapprochement en vert, taille de mai, taille d'été*, n'a point d'époque fixe ; on la pratique, selon le besoin, jusqu'après la récolte des fruits et chaque fois qu'on palisse en vert; lorsqu'elle est bien faite, elle avance d'autant la taille d'hiver qui la suit.

10. *De l'effeuillement.*

155. L'effeuillement a pour objet la suppression des feuilles, qui, en ombrant trop les fruits, les priveraient de la somme de lumière qui leur est nécessaire pour développer le parfum et prendre la couleur qu'ils doivent acquérir.

156. On effeuille successivement et en plusieurs fois. On ne commence à découvrir les fruits qu'au moment où la maturité va s'accomplir, c'est-à-dire lorsque les pêches sont arrivées à peu près à leur volume ; on ne les expose pas tout à coup au soleil, ni on ne découvre pas à la fois toutes les pêches d'un même arbre, à moins que, comme à Montreuil, on ne cultive pour la vente. On ôte d'autant plus de feuilles que la saison est moins chaude. Cependant il ne faut pas oublier qu'une trop grande suppression de ces organes peut nuire au complet développement des fruits, et que, comme ils sont indispensables à l'entretien des yeux ou boutons qui naissent dans leur aisselle, il est nécessaire de couper la feuille avec le sécateur, et de conserver son pétiole et quelquefois un tiers ou moitié de son limbe, afin de ne pas détruire les yeux naissants. Il importe aussi beaucoup de ne rien ôter aux bourgeons encore faibles, et dont la croissance doit être protégée. L'effeuillement est donc aussi une opération qui a besoin d'être raisonnée pour qu'en favori-

sant la maturité et la coloration des pêches, elle ne puisse pas être nuisible aux jeunes productions qui doivent assurer les récoltes futures.

SECTION Ve. — Pratique de la taille appliquée au pêcher en espalier carré.

1. *Formation du pêcher.*

157. Nous avons vu (64) comment on plantait le jeune arbre; nous revenons à ce point, et nous allons examiner les opérations dont il doit être l'objet chaque année, pour lui faire prendre la forme d'un espalier carré bien rempli et animé dans toutes ses parties par une végétation égale.

158. J'ai dit (65) qu'en plantant le jeune arbre à l'automne on coupait sa tête à 20 ou 25 centimètres de la greffe. Voyez la *fig.* 13, *pl. I*, qui représente l'arbre tel qu'il sort de la pépinière : B est la greffe, A le point où se fait l'amputation en le plantant. Au printemps suivant, commence le développement des yeux *a* et *b*, destinés à devenir les deux branches mères, et on ne détruit les bourgeons qui, comme celui *c*, se trouvent au-dessous que lorsque les deux bourgeons *a* et *b* paraissent assurés et qu'en les pinçant à deux feuilles.

159. Pendant cette première année de plantation, il suffit de surveiller le développement des deux bourgeons en leur faisant former, par un palissage lâche, un V ouvert. Ce palissage se continue au fur et à mesure de la croissance, pour habituer les jeunes rameaux à une direction parfaitement droite, et la végétation de cette première année donne le plus souvent, sauf les accidents, les résultats que représente

la *fig.* 15, *pl. I*; c'est ici le cas de diriger les deux bourgeons à l'aide de deux baguettes ou tuteurs bien adroits.

160. Si, par une cause quelconque, un des deux bourgeons choisis venait à périr, il faut redresser le survivant, le pincer dès qu'il a 25 à 30 centimètres, afin de faire former à sa base des yeux bien constitués, pour en obtenir, au printemps suivant, deux bourgeons capables de commencer les branches mères.

161. Première taille. *Deuxième année de plantation.* — La *fig.* 15, *pl. I*, représente les résultats qu'a donnés la végétation. On débute par abattre l'onglet C au niveau de l'insertion des deux rameaux; on l'a conservé jusqu'alors pour que ses trois bourgeons, qu'on a pincés au besoin, aident les deux bourgeons naissants *a* et *b* de la *fig.* 13 à appeler la séve. Ces derniers ont produit les pousses A et A′ d'une longueur au moins suffisante pour pouvoir tailler ces deux branches mères à la hauteur convenable; cette hauteur est de 40 centimètres environ, comptés depuis l'insertion de la branche. On examine donc l'état des deux branches mères, et lorsqu'on a trouvé sur l'une d'elles A, à la hauteur que je viens d'indiquer, deux yeux convenablement placés, l'un *a*, *fig.* 15, pour servir au prolongement de la mère branche et placé en dessus, et l'autre *b*, même *fig.*, placé en dessous, pour former la première branche secondaire inférieure, on voit si sur la mère branche A′ on peut trouver deux yeux pareils à une élévation égale ou au moins très-approximative. Cela fait, on taille les deux branches mères chacune au-dessus de leur œil *a*; celui-ci devient alors l'œil de pousse combiné, et l'œil *b* la première branche secondaire inférieure.

162. Comme l'effet de la taille sur l'œil *a* est d'exciter en lui une grande activité de végétation (75), il faut en surveiller la croissance et le palisser à propos. Quant à l'œil *b*, on le surveille également, on le palisse de même pour lui faire

prendre une bonne direction, et on veille à maintenir sa force en proportion de celle du prolongement de la mère branche. On place, à chacun des yeux qui doivent former une mère branche ou une sous-mère, un tuteur conducteur afin d'y palisser les bourgeons à mesure de leur développement, lorsqu'on dirige les arbres sur un treillage en bois ou en fil de fer. Chaque année, après la taille en sec, on mettra un tuteur conducteur à chaque extrémité des branches mères ou sous-mères pour y palisser leur prolongement herbacé. Ce soin est inutile si on palisse à la loque, sur des murs crépis en plâtre. On supprime, s'il y a lieu, à l'ébourgeonnement, les bourgeons superflus, et notamment ceux placés devant et derrière ; on modère, par le pincement, le développement trop considérable de ceux qui s'emportent, et on s'efforce enfin de maintenir les deux ailes, sur lesquelles on opère de la même façon, dans un équilibre constant de volume et de longueur. Il importe, sur les jeunes arbres, de ne pas chercher à concentrer trop la sève, et de lui laisser les issues nécessaires. Toutes les opérations régulatrices, comme le pincement, doivent donc être basées sur l'état de la végétation particulière à l'arbre, et plus allongées sur ceux qui l'ont très-vigoureuse.

163. Si l'équilibre venait à être rompu, on peut le rétablir par plusieurs moyens que je vais indiquer ici en détail, afin d'y renvoyer le lecteur à l'occasion. On peut dépalisser l'arbre, et le repalisser de façon que l'aile faible soit plus ou moins redressée, et que la plus forte soit inclinée davantage. Ce moyen, secondé par l'ébourgeonnement et le pincement, suffit ordinairement ; mais, s'il ne produisait pas assez d'effet, on pourrait dépalisser l'aile faible, pour lui laisser plus de liberté encore (111). Toutefois, pour que ses branches ne prissent pas une fausse direction, on planterait derrière elles une ou plusieurs gaules, éloignées de 15 à 20 centimètres du mur, sur lesquelles on maintiendrait cette

aile, pour la faire jouir de plus d'air, ce qui l'aide à se renforcer. On pourrait la laisser entièrement en liberté, si on n'avait pas à craindre les coups de vent, qui peuvent, à l'improviste, y casser quelques branches, ou meurtrir les écorces et les parties vertes par l'agitation qu'ils y causent; il est donc plus prudent de la fixer comme je viens de le dire. Lorsque l'équilibre est rétabli, on repalisse l'arbre avec régularité. Il est bon de faire remarquer que cet avancement de l'aile faible ne doit être employé que dans la belle saison, parce qu'en l'éloignant ainsi du mur on la prive de la protection des chaperons et auvents, et on l'exposerait davantage aux intempéries, si elles étaient encore à craindre. On pourrait encore, au besoin, rabattre la partie forte sur un bourgeon inférieur et serrer fortement ce bourgeon pour laisser fortifier les branches inférieures. En indiquant, dès la première taille, ces moyens d'équilibrer les forces des deux ailes, qui peuvent être mis en usage à toutes les époques de la vie du pêcher, j'ai voulu insister sur la nécessité de donner, dès le début, au jeune arbre qu'on dirige, une régularité aussi parfaite que possible, parce qu'il semble que, dès que la séve a commencé à se répartir également dans les diverses parties de l'arbre, elle a, par la suite, une circulation plus régulière, et oppose moins de difficultés à la belle formation du pêcher.

164. Il est encore un autre moyen plus simple, qui, il est vrai, n'a pas autant d'efficacité, quoiqu'il suffise dans le plus grand nombre des cas. Il consiste à placer à 20 ou 25 centimètres, et au-dessus de l'aile dominante, un auvent en paillassons ou en planches qui lui cache la vue du ciel. Cette privation d'une certaine somme de lumière et d'air suffit souvent pour que l'aile faible, restée à découvert, arrive promptement au même développement que l'autre. Cette influence que les auvents exercent sur la végétation peut être utilisée dans les arbres formés, pour maintenir

dans une limite plus restreinte le développement des branches secondaires supérieures, en conservant au-dessus de leurs pointes, jusqu'après la formation des fruits, les paillassons ou tablettes qu'on ajoute aux chaperons.

165. Si ces moyens ne suffisaient pas, il faudrait, à la fin de l'hiver suivant, conserver la partie faible aussi longue que possible, et même, dans quelques cas, ne pas la tailler du tout, et lui laisser, outre son œil terminal, tous les bourgeons qui, en se développant, peuvent y appeler la séve. En même temps on raccourcit la taille de la partie forte, on supprime, au premier ébourgeonnement, tous les bourgeons surabondants, et on surveille soigneusement la croissance de ceux qu'on conserve, afin de ne leur laisser prendre qu'un développement restreint (1). Ce moyen, qui agit d'une manière efficace, est fondé sur le principe de physiologie, que les feuilles sont les organes respiratoires des végétaux vers lesquels la séve ascendante est incessamment appelée pour y subir une élaboration à la suite de laquelle elle redescend vers les racines. Le passage ascensionnel du fluide séveux au travers de l'aubier, et son retour par les vaisseaux de l'écorce, entretiennent dans ses parties une vie plus active qui en augmente la vigueur. Ce moyen peut être employé sur les pêchers de tout âge et réussit toujours assez bien, pourvu, cependant, que les parties sur lesquelles on opère, quoique d'inégale force, soient convenablement constituées; mais il faut s'en abstenir à l'égard des branches dont l'organisation est vicieuse, ou dont la langueur provient d'une maladie qu'il faut commencer par guérir.

166. On aide encore au développement d'une branche secondaire faible en incisant son écorce jusqu'au liber. Cette incision, faite en dessous et derrière elle, part de la branche

(1) Si un vide se produisait dans l'extrémité non taillée, il serait nécessaire de revenir même à la taille en vert sur un bourgeon vigoureux destiné à refaire une nouvelle pointe. (Voy. § 77.)

mère, sur laquelle elle occupe 3 ou 4 centimètres, et se prolonge jusqu'au bout de la branche qui a besoin d'être fortifiée. Cette opération, en appelant sur le point incisé la séve qui s'y porte pour la cicatriser, favorise la dilatation des fibres corticales, qui s'y humectent et qui ne résistaient au développement des couches qu'elles recouvrent que parce qu'elles étaient trop sèches; mais ce procédé doit, en tous cas, être employé prudemment.

167. Enfin il est un dernier moyen dont on ne peut faire usage que sur les arbres d'âge à donner du fruit, et qui consiste à laisser beaucoup de pêches sur la partie forte, parce que la nutrition des fruits, étant une opération très-épuisante, diminue sa vigueur. Par la raison contraire, on rétablit la végétation normale d'une branche faible en restreignant dans une proportion convenable le nombre de ses pêches. Il est rare que les cultivateurs emploient ce dernier procédé, parce qu'il leur faut des pêches à tout prix.

168. Ces divers moyens, que secondent fort bien l'ébourgeonnement, le pincement, la taille en vert et même l'effeuillement, peuvent être employés isolément, et quelquefois réunis, selon l'âge et l'état des pêchers.

169. Il n'arrive pas toujours que les résultats de la pousse de la première année soient tels que je l'ai dit plus haut. Souvent la végétation a été languissante, et les rameaux n'ont pris ni assez de longueur ni assez de volume pour qu'on puisse, à cette taille, faire développer la première branche secondaire inférieure. En pareil cas, on ajourne à l'année suivante la formation de celle-ci, et on taille court les deux branches mères sur un œil terminal combiné et convenablement placé pour les prolonger. A la seconde taille, et quelle que soit la vigueur des pousses qu'a pu faire leur œil terminal combiné, il faut toujours les tailler à la hauteur de 40 centimètres (y compris la taille de l'année précédente), et sur deux yeux choisis, comme je l'ai dit, l'un pour le prolongement des mères branches, l'autre pour la formation des deux premières branches secondaires. J'ai indiqué en *c*, *fig.* 15, *pl. I*, le point où il faut tailler dans cette circonstance, qui n'a d'autre inconvénient que de retarder d'un an la formation des branches secondaires inférieures.

170. DEUXIÈME TAILLE. *Troisième année de plantation.* — La *fig.* 16, *pl. I*, représente l'état de l'arbre après la végétation de la deuxième année. Les deux branches mères A et A' se sont prolongées, ainsi que les deux premières branches secondaires, B et B'. On taille sur deux ou trois yeux tous les rameaux et faux rameaux conservés qui se sont développés le long des arêtes de ces quatre branches; ensuite on taille la branche mère A à 80 centimètres environ de l'insertion de la branche secondaire B, après s'être assuré que, sur l'autre aile, la branche A' a des yeux convenablement placés à une élévation pareille, pour qu'une symétrie aussi parfaite que possible règne entre les deux ailes du pêcher. Cet intervalle de 80 centimètres est convenable pour pouvoir palisser les petites branches, dont se garnira l'arête des branches secondaires, avec plus d'aisance, et en les faisant jouir de plus d'air et de lumière. Ces branches mères A et A' sont taillées, en *c*, chacune sur un œil terminal *a* placé en dessus, et sur un second œil *b* placé en dessous, et qui doit devenir la seconde branche secondaire inférieure. Il arrive qu'on ne trouve pas toujours un œil terminal combiné placé en dessus pour le prolongement des branches mères; rien n'empêche de le choisir en devant : alors, aussitôt qu'il se développe, on le palisse de façon à le forcer peu à peu à prendre la direction droite, parce qu'il a de la tendance à pousser en avant. On taille ensuite les deux branches B et B' sur une longueur de 1 mètre environ. Cette longueur est nécessaire pour que leur sommet dépasse un peu l'extrémité des branches mères.

171. Assez souvent, sur les arbres de cet âge, la végétation

a été tellement vigoureuse, que presque tous les yeux se sont ouverts sur le bourgeon de prolongement, de façon qu'au moment de tailler on ne trouve sur le rameau que des faux rameaux, surtout à la hauteur où il faut asseoir la taille. En pareil cas, on fait choix d'un faux rameau placé en dessus, et suivi immédiatement d'un autre placé en dessous; et, après avoir coupé le rameau principal, on taille les deux faux rameaux sur un œil dormant bien disposé, pour se prolonger l'un et l'autre selon sa destination, que l'on régularise par le palissage. On peut encore opérer la taille de la branche mère et de la secondaire, soit sur un œil dormant suivi d'un faux rameau, soit sur un faux rameau suivi d'un œil dormant, selon que l'on trouve les uns ou les autres au point où doit avoir lieu l'amputation.

172. L'ébourgeonnement et le pincement s'opèrent toujours selon le besoin.

173. Troisième taille. *Quatrième année de plantation.* — Voyez la *fig.* 1, *pl. II.* L'arbre est dépalissé, et montre les résultats qu'a donnés la végétation de la troisième année. Je commence par examiner l'état de chaque aile comparée l'une à l'autre, afin d'agir en conséquence. Ici la figure représente un arbre où aucun accident défavorable n'est survenu. En conséquence, je rabats tous les rameaux simples sur deux ou trois yeux, suivant leur force; toutes les branches à fruit qui ont été taillées l'année précédente le sont de nouveau sur le rameau le plus inférieur ou le plus rapproché de la branche à bois, et ce rameau, sur lequel s'opère le rapprochement, est lui-même raccourci sur deux ou trois yeux, selon sa force, lorsqu'il n'a point de boutons à fleur, et, dans le cas contraire, sur un œil de pousse placé au-dessus d'eux, afin d'obtenir des fruits. On taillera de même et dans le même but les faux rameaux qu'on pourra conserver après leur taille sur les pointes des branches charpentières; ce qui doit se faire, en pareil cas, à toutes les tailles.

Cela fait, en descendant du haut en bas, je passe à la taille des trois branches, A, B, C, de la charpente de chaque aile.

174. La taille des deux branches mères A et A' est portée également à 80 centimètres de la taille précédente sur un œil *a* placé en dessus, et qui devient l'œil terminal combiné, dont la fonction est de prolonger la branche mère. On voit en dessous l'œil *b*, qui est destiné à la formation de la troisième branche secondaire inférieure. Après avoir opéré ainsi sur chaque branche mère, je m'occupe des branches secondaires C et C', qui doivent recevoir la première taille. Elle est faite à 1 mètre environ au-dessus de leur insertion, sur un œil *a* placé devant autant que possible; c'est au palissage à lui imprimer la direction convenable. Ensuite je taille, pour la seconde fois, les branches B et B' sur un œil *a* également placé de la même façon, et en donnant à cette taille la longueur d'au moins 1 mètre. Il est bon de faire remarquer que, pour constituer convenablement les branches secondaires inférieures, il faut les tailler de façon que leurs pointes dépassent la ligne droite supposée tirée du point où atteint le sommet taillé de la branche mère que l'on abaisse provisoirement à la main. Cet excédant de longueur doit être plus grand pour la secondaire la plus basse, et aller, en diminuant, jusqu'à la plus haute. J'ajouterai que, lorsqu'il s'agit de la formation d'une branche secondaire, il est toujours important de porter exactement sur la branche mère la taille au point convenable, pour que l'œil qui vient immédiatement après le terminal combiné, et qui doit constituer cette branche secondaire, soit régulièrement placé à la distance nécessaire, et afin que l'espacement entre les branches inférieures soit partout le même.

175. Immédiatement après l'achèvement de la taille, je dresse l'arbre en abaissant chaque aile également et d'une

manière suffisante pour que les branches secondaires prennent une bonne direction, et je palisse tout ce qui a besoin de l'être.

176. A mesure que la végétation développe les productions conservées, on en fait le palissage successif, en commençant par le haut et les dedans de l'arbre, qui ont toujours une tendance à prendre plus de force, et qu'il est bon de retarder par la gêne plus ou moins grande qu'on peut leur imposer par cette opération. En même temps on opère le premier ébourgeonnement et ensuite le pincement de tous les bourgeons qui prennent trop d'ascendant, et c'est aussi sur les mêmes parties de l'arbre qu'il est ordinairement nécessaire d'agir d'abord et par la même raison; enfin on ébourgeonne au besoin, et notamment les productions des yeux triples dans le dessus, et on fait toutes les suppressions que la marche de la séve rend nécessaires, et dont l'exécution régularise et complète les opérations de la taille en sec.

177. Quatrième taille. *Cinquième année de plantation.* — Dans nos cultures de Montreuil, au point où l'arbre est parvenu et à cause de l'élévation de nos murs, la formation des branches secondaires inférieures est complète; mais, lorsqu'on possède des murs assez élevés, on peut prendre une quatrième branche secondaire inférieure, en employant le même procédé que celui que j'ai indiqué pour la formation des trois qui composent la charpente de nos arbres. Je ne dirai rien de plus sur cette quatrième branche, qui existe rarement dans nos jardins, ne voulant faire connaître uniquement que ma pratique spéciale dans la conduite de mes pêchers carrés.

178. La *fig.* 2, *pl. II*, représente seulement l'aile droite de l'espalier; il est facile, par la pensée, de se figurer l'aile gauche, qui doit lui ressembler en tous points et sur laquelle les opérations sont identiques. Après avoir du haut en bas

fait l'examen des rameaux et petites branches qui garnissent les arêtes, et les avoir taillés comme je viens de le dire à l'occasion de la troisième taille (178), on passe à la taille des branches à bois.

179. On abaisse la branche mère A au point qu'elle doit occuper après le dressage, afin de mieux juger celui où chaque branche secondaire doit atteindre. On taille alors la branche A pour la quatrième fois, la branche D pour la première fois, la branche C pour la seconde fois, et la branche B pour la troisième fois, toutes trois à la longueur relativement convenable. Comme il ne s'agit plus de formation de branche secondaire, on prend l'œil terminal combiné de la branche A, soit dessus, devant ou dessous, selon qu'il convient mieux et selon aussi le point où on le trouve, et le palissage lui imprime la direction convenable.

180. Quelquefois je ne trouve pas des yeux assez bien placés sur les branches charpentières pour que ce résultat soit obtenu en sec ; alors je laisse un onglet au-dessus de l'œil terminal combiné placé plus bas que celui de la branche correspondante, afin qu'après le dressage on ne puisse apercevoir aucune différence. Lorsque l'œil de pousse au-dessus duquel j'ai laissé cet onglet commence à se développer, je supprime cet onglet et je surveille la croissance relative des deux pointes parallèles, de façon à ce qu'elles prennent et conservent une longueur égale.

181. Après avoir dressé et palissé le pêcher en sec, de façon que ses quatre branches viennent occuper la place des lignes ponctuées sur la *fig. 2, pl. II*, la végétation prend son essor, et pendant son cours on ébourgeonne, on pince, on palisse, on ébourgeonne de nouveau et on pratique la taille en vert, selon le besoin, en calculant toutes ces opérations de façon à répartir également la sève ; on a soin particulièrement, pendant la taille en vert, de supprimer tous les

onglets, s'il en existe, parce que le recouvrement de l'amputation s'opère plus facilement à cette époque.

182. Cinquième taille. *Sixième année de plantation.* — Les opérations de cette cinquième taille sont tout à fait semblables à celles de la quatrième ; c'est pourquoi je n'en ai pas donné de figure. On taille les pointes des quatre branches A, B, C, D sur une longueur proportionnée à leur développement ; on supporte avec le plus grand soin tous les dedans, surtout ceux de la branche mère, où la séve fait des productions vigoureuses, qu'il faut modérer afin d'en être toujours maître, mais auxquelles il ne faut pas faire de suppressions trop absolues, parce qu'il est utile d'occuper la séve, dont l'affluence causerait du désordre, si les retranchements étaient trop considérables. Il faut veiller à remplacer les rameaux trop vigoureux par les bourgeons qui poussent à leur talon, et quelquefois aussi les bourgeons qui s'emportent par un de leurs sous-bourgeons, afin d'avoir toujours des productions herbacées, qu'on dirige comme on veut par le pincement, et non des rameaux qui deviennent branches et prennent une vigueur embarrassante. Au surplus, on évite beaucoup de ces embarras en donnant aux arbres une taille allongée et en maintenant la végétation par un palissage serré.

183. A l'époque du second ébourgeonnement, je fais choix, sur la branche mère, de trois branches à fruit qui ont subi déjà une ou plusieurs tailles. Ces trois branches doivent être également espacées, grosses comme un tuyau de plume, et prendre naissance au-dessous de l'insertion de chacune des branches secondaires inférieures. Sur ces trois branches, destinées à devenir les trois secondaires supérieures, je supprime les bourgeons inutiles placés devant et derrière, et je fais choix, pour les prolonger, de celui qui, sans être trop vigoureux, me paraît bien constitué ; je le taille en vert sur un œil dormant, et le palisse un peu plus

verticalement et assez serré pour que son développement s'opère d'une façon aussi modérée que possible, ce qu'il faut surveiller et maintenir.

184. Dans les pêchers qui n'ont que faiblement poussé, et dont les branches inférieures ne me paraissent pas encore assez fortement constituées, je retarde cette préparation jusqu'à l'année suivante; mais alors l'arbre n'est pas complétement formé à la huitième année.

185. SIXIÈME TAILLE. *Septième année de plantation.* — La *pl. III* représente les résultats de la cinquième taille sur l'arbre dépalissé; je n'en ai fait figurer que l'aile droite, l'aile gauche étant tout à fait semblable. On voit que la mère branche porte en dessus trois branches naissantes E E′ E″, beaucoup plus développées que toutes les autres productions qui garnissent son arête supérieure. Ces trois branches sont celles qui ont été réservées à l'ébourgeonnement de la saison précédente, et qui, à cette présente taille, vont devenir les trois branches secondaires supérieures. Si ces trois branches supérieures n'avaient pu être formées l'année précédente (183 et 184), ce serait pendant le cours de celle-ci qu'il faudrait s'en occuper.

186. La taille des petites branches à fruit et des jeunes rameaux, et le traitement des bourgeons par l'ébourgeonnement et le pincement, s'opèrent toujours ainsi que je l'ai indiqué; il en est de même pour les quatre branches ABCD, qui sont coupées sur les yeux *a a a a*.

187. Quant aux trois branches E E′ E″, on taille, pour la première fois, le rameau qu'elles ont produit sur un œil terminal combiné, que l'on choisit à une hauteur qui est subordonnée à leur force et à l'état de leur végétation. On taille, selon leur vigueur, tous les rameaux ou faux rameaux qui peuvent exister. Si quelques-unes de ces productions avaient des boutons à fleur, on les taillerait au-dessus d'eux, et l'on aurait soin d'ébourgeonner, aussitôt qu'ils s'ouvrent, tous

les yeux à bois qui pourraient se trouver au-dessous des fleurs, à l'exception d'un ou deux placés le plus près de l'insertion. Immédiatement après la taille, on palisse les secondaires E E′ E″ obliquement, en serrant les attaches plus ou moins selon le besoin, et on palisse ensuite de même tous les bourgeons conservés. Pendant la végétation, on surveille la croissance du bourgeon terminal, qu'on pince au besoin ; on pince également tous ses bourgeons anticipés à dix ou douze feuilles. En un mot, il faut veiller à ce que la partie supérieure de ces branches et leurs productions n'appauvrissent pas celles de leur partie inférieure ; c'est pourquoi il faut les palisser à mesure qu'elles croissent, afin de les modérer d'autant et de maintenir la séve dans les parties basses. Si, malgré tous ces soins, le bourgeon terminal devenait dominant, il faudrait le rabattre sur un faux bourgeon placé devant et qu'on palisserait aussitôt et d'une manière serrée, dans la direction convenable, afin de rétablir l'équilibre.

188. Septième taille. *Huitième année de plantation.* — Cette taille est, en tous points, semblable à la précédente. On taille la mère branche A pour la septième fois, la branche B pour la sixième, la branche C pour la cinquième, et la branche D pour la quatrième. Les branches secondaires E E′ E″ le sont, pour la seconde fois, depuis leur destination, sans compter les tailles qu'ont pu recevoir les branches à fruit qui leur ont donné naissance. En désignant par des lettres alphabétiques toutes les branches à bois de la charpente, j'ai voulu qu'à l'inspection de la planche on pût voir d'un coup d'œil l'ensemble du travail, l'ordre alphabétique indiquant celui de la formation des branches. Ainsi celle qui porte la lettre A est la mère branche première formée, tandis que les trois branches secondaires supérieures E E′ E″ l'ont été les dernières et toutes à la fois.

189. On surveille de la même manière le développement

de ces trois dernières et de toutes leurs productions, qui doivent toujours être les premières palissées, ébourgeonnées à plusieurs reprises, et pincées toutes les fois que le besoin l'exige. Le point essentiel est de laisser assez d'issues à la séve pour qu'elle ne cherche pas à s'ouvrir des passages en créant des gourmands, et de ne pas laisser se former une quantité de productions vertes, telle, qu'elles y attirent une affluence de séve capable d'appauvrir les parties inférieures. Enfin les suppressions que l'on fait sur ces branches supérieures ont pour but de faire refluer la séve, pour qu'elle alimente convenablement leur base, qui, toutefois, peut rester dormante. D'ailleurs on ne doit jamais perdre de vue que, la végétation du pêcher étant incessante jusqu'à la fin d'octobre, année commune, il est toujours possible de remédier au désordre qui se montrerait.

190. Huitième taille. *Neuvième année de plantation.* — C'est à cette taille que le pêcher, conduit pendant huit ans, comme je viens de l'expliquer, mais sans aucun accident, arrive à la forme d'un parallélogramme allongé et régulier.

191. La *pl. IV* représente un de mes arbres, dessiné d'après nature par mon fils, au printemps de sa douzième année de plantation. L'aile droite a reçu la onzième taille ; l'aile gauche est encore telle que l'a laissée la végétation de l'année précédente. Le nombre des tailles qu'a reçues chaque branche est indiqué en chiffres arabes. Le lecteur voudra bien s'arrêter à ceux qui désignent la huitième taille, ce sont : 8 pour la mère branche A, 7 pour la seconde inférieure B, 6 pour la même C, 5 pour la troisième D. Quant aux trois secondaires supérieures E E′ E″, les chiffres arabes indiquent le numéro des années où elles ont été taillées. Ainsi on voit qu'elles l'ont été trois fois : la première à la sixième taille, la seconde à la septième, et la troisième à la huitième ; c'est donc le numéro 8 qui correspond, pour elles, à la taille dont nous nous occupons. On remarquera

que le pêcher qui remplit alors une surface d'à peu près 8 mètres de longueur sur $2^m,50$ de hauteur a les pointes des quatre branches A B C D arrivant sur une même ligne perpendiculaire, et que les trois supérieures E E′ E″ ont les leurs touchant la ligne horizontale sur laquelle s'arrête la pointe de la branche mère A ; cette huitième taille, au reste, ne diffère, en aucune façon, de la septième. La quatrième branche supérieure F, d'une formation postérieure, n'existe pas à la huitième taille.

192. On peut remarquer que les branches à fruit sont partout régulières et que l'arête est bien garnie. Au reste, l'arbre que représente la *pl. IV* existe dans mes cultures, et on peut l'y voir avec d'autres modèles également vivants et qui offrent la même régularité. Ces pêchers, qui étaient déjà formés lors de ma première édition, **1841**, étaient encore, au jour où j'ai publié ma cinquième, **1860**, tout aussi vigoureux et tout aussi réguliers ; ils prouvent, par leurs résultats, que ma méthode de taille en espalier carré est d'une exécution aussi facile que durable. C'est un avantage que n'ont pas toujours ceux qui enseignent la taille des arbres, et dont quelques-uns seraient fort embarrassés de montrer en nature les arbres taillés selon leurs principes, et qu'ils ont fait graver comme ayant cependant existé.

193. La végétation, pendant cette neuvième année de plantation, fait développer, sur toutes les branches, des productions plus ou moins vigoureuses ; on en surveille la croissance, on la modifie, et on la gouverne enfin selon les besoins de l'arbre, par le moyen du pincement, de l'ébourgeonnement, du palissage, et de toutes les ressources que ces trois opérations donnent à l'homme intelligent. Durant l'été, si l'un des bourgeons terminaux E E′ E″ se développe outre mesure, il faut employer la taille en vert, et rapprocher la pointe sur un faux bourgeon inférieur et placé devant, que l'on emploie à son remplacement, que l'on maintient entier, et qu'on palisse de la manière la plus propre à contrarier sa croissance et à maintenir, dans les limites qu'elles ne doivent pas dépasser, ces branches, toujours plus disposées à s'emporter que les autres, à cause de leur direction presque verticale.

2. *Taille du pêcher carré après sa formation complète.*

194. Je viens d'expliquer, année par année, les diverses opérations qui amènent, à la huitième taille, la formation complète du pêcher en espalier carré ; il s'agit maintenant de faire connaître par quels moyens on peut lui conserver sa régularité, en même temps que sa production en fruits, durant les quinze ou vingt ans qui lui restent encore à vivre. La *pl. IV* servira également à la démonstration.

195. A la taille en sec de chaque année, on continue à faire succéder, à la petite branche qui a fructifié, le rameau mixte préparé pour la remplacer ; il suffit, pour cela, de rabattre la petite branche à supprimer jusque sur le rameau de remplacement, et de tailler celui-ci sur un œil de pousse placé au-dessus de boutons à fruit. Quelquefois, pour obéir à cette nécessité, il faut allonger sa taille plus qu'on ne le voudrait, parce que la fleur est placée haut, ce qui arrive souvent dans les dedans, où les rameaux les plus vigoureux ont plus d'yeux à bois à leur base ; mais il ne faut pas s'en inquiéter, parce qu'on est sûr, à la taille suivante, de réparer cet inconvénient, et qu'on n'aura pas moins récolté une ou deux pêches dont on se serait privé en pure perte. On peut, d'ailleurs, comme je l'ai dit (107), tailler au-dessus d'un bouton à fleur. En entretenant ainsi, le long de l'arête des branches de la charpente, de petites branches constamment bien vives, et du jeune bois pour les remplacer, on conçoit qu'on force la séve à se répartir également, et qu'elle ne peut pas parcourir les vaisseaux séveux des branches de la char-

pente avec assez de rapidité pour n'y laisser que des sucs mal élaborés. Enfin, tant que dure le pêcher, la taille des branches à fruit est toujours la même, et l'ébourgeonnement ainsi que le pincement sont les régulateurs au moyen desquels on conduit leur développement, pour ainsi dire, à volonté. (Voyez **98** et **107**.)

196. Quant aux branches à bois, ou de la charpente, deux principes doivent en diriger la taille. Le premier est de favoriser l'allongement des branches **A B C D**; le second, au contraire, est de contrarier, autant que possible, le développement des pointes **E E' E''**. Ces deux moyens opposés se prêtent un mutuel secours; en effet, on conçoit que par leur allongement les pointes **A B C D**, produisant des bourgeons et des feuilles, attirent à elles une plus grande quantité de séve, qui ne se porte pas sur les branches secondaires supérieures, en même temps que les obstacles opposés à l'accroissement de celles-ci refoulent le fluide séveux, qui trouve plus facile de s'élever vers les pointes **A B C D**, qu'il concourt encore à développer.

197. Ainsi donc, on taille ces quatre dernières aussi longues que possible, pour que leurs pointes viennent régulièrement se terminer sur une ligne perpendiculaire du chaperon à la terre. Il n'y a de limites à cet allongement que la hauteur du mur, qui ne permet pas à la branche **A** de prendre une longueur plus grande que celle qui l'amène sous le chaperon, et conséquemment qui force à maintenir les trois branches secondaires **B C D** dans une proportion relative, pour que leurs pointes, palissées, ne dépassent pas la ligne d'aplomb qui partirait du point où s'arrête la branche **A**.

198. Arrivé là, trois méthodes se présentent : 1° le rapprochement annuel de chacune des quatre branches **A B C D** sur un rameau bien disposé, pour remplacer sa pointe et la maintenir dans la même limite : ce rameau est taillé sur un œil de pousse destiné à le prolonger. Ce moyen, qui est le plus généralement employé, ne peut pas manquer de l'être, lorsque, ainsi que je l'ai indiqué (67), les pêchers d'un même espalier sont espacés entre eux de 8 mètres seulement, puisqu'il n'y a plus de place pour prolonger les branches.

199. 2° Le rapprochement annuel de la branche A seulement qu'on traite, à partir de ce moment, comme je vais le dire (201) pour les trois branches E E' E'', et l'allongement égal des branches B C D, jusqu'au moment où la branche D atteint à son tour le chaperon. Mais, pour employer cette dernière méthode, il faut des circonstances privilégiées qu'on n'a pas toujours l'occasion de rencontrer. On conçoit, en effet, que l'allongement des branches inférieures est subordonné à leur état, et qu'elles doivent être constamment entretenues bien garnies de jeune bois ; car, si on allongeait les pointes sans précaution, on pourrait altérer la vigueur dans le bas du pêcher, et produire des vides désagréables. Il faut donc proportionner l'allongement des quatre branches A B C D à leur force ; et, lorsqu'elles sont languissantes, il faut les maintenir plus courtes, en rapprochant, chaque année, leur pointe sur un rameau inférieur bien constitué qui la réforme à l'aide d'un palissage raisonné (198). Ce procédé, qui refoule la sève ou au moins la concentre, l'oblige à alimenter plus convenablement les parties basses et à y entretenir une végétation plus active. Mais si, au contraire, la végétation du pêcher est assez vigoureuse pour que les parties les plus inférieures soient vives et bien garnies de petites branches, on ne risque rien alors de traiter les branches charpentières A B C D, comme je le dis en commençant le présent article, et l'on peut ainsi arriver à donner à chaque aile un développement de 6 mètres, proportion qu'on ne peut guère dépasser avec des murs de 3 mètres, et qui n'empêche pas, toutefois, de conserver à l'arbre une forme carrée, c'est-à-dire celle d'un parallélogramme allongé ayant

12 mètres de longueur sur 3 d'élévation. Mais ce second moyen, auquel on ne peut avoir recours que très-rarement, et qui ne peut être employé que par des mains très-habiles, exige un espacement plus grand entre les pêchers, ce qu'il est nécessaire de prévoir lors de la plantation. On conçoit facilement que l'équilibre de forces et de végétation, dans un pêcher disposé de cette façon, est plus difficile à maintenir, les branches inférieures n'étant plus qu'au nombre de trois contre quatre supérieures, et c'est pourquoi je ne conseille pas l'emploi de cette méthode.

200. 3° L'abaissement successif, poussé jusqu'à sa dernière limite, de la branche mère A maintenue cependant dans sa longueur relative à la pointe des trois branches inférieures. Cet abaissement exagéré de la mère branche, qui cesse de partager l'aile de l'arbre en deux parties égales, écarte davantage les branches supérieures E de chacune, et il en résulterait un vide entre elles, si on ne formait pas une quatrième branche secondaire supérieure F, *pl. IV*. On l'obtient, comme je l'ai dit (183), du prolongement d'une branche fruitière choisie à la base de chacune des branches E. Ce moyen, préférable à la seconde méthode (199), ne doit cependant être employé que sur des pêchers très-vigoureux, surtout dans leur partie inférieure, et sur lesquels on peut donner à la séve un plus grand nombre d'issues.

201. La taille des branches supérieures E E′ E″ consiste, chaque année, au moment de la taille en sec, à les rapprocher sur un rameau ou branche à fruit que l'on taille sur un œil de pousse dont le prolongement remplace leur pointe, et qu'on palisse, aussi serré que possible, pour gêner son développement. Si ce rapprochement est fait sur un bouton à bois, on a soin également de le palisser aussitôt qu'il s'est assez développé pour pouvoir être attaché. Ces trois branches supérieures doivent, après cette taille en sec, avoir leurs pointes éloignées de 20 à 25 centimètres du chaperon.

202. Malgré la gêne imposée à ces trois pointes par le palissage, elles ne tardent pas à croître rapidement, et l'on a soin de les pincer d'abord, ensuite de les rabattre sur le bourgeon anticipé ou faux bourgeon le plus inférieur de ceux que ce pincement fait éclore. Enfin, chaque fois que l'une d'elles approche de trop près du chaperon, on la rabat par une taille en vert sur un bourgeon inférieur ou sur une branche de vieux bois bien effilée, qu'on palisse aussitôt que possible, et qui devient une nouvelle pointe. Ces rapprochements s'opèrent durant la végétation. Cependant, si ces soins prodigués en vert avaient été inutiles et qu'on fût dominé par la vigueur de la branche, il faut, à la taille en sec du printemps suivant, la rabattre sur une petite branche fruitière choisie à sa base (183), que l'on taille et palisse, pour la continuer, comme je l'ai dit. Il est bien entendu que l'ébourgeonnement et le pincement s'opèrent sur les productions de ces trois branches; toutes doivent être palissées dès qu'on peut les attacher. On les pince, si cela devient nécessaire, et on emploie la taille en vert, pour rabattre, sur le bourgeon anticipé le plus bas, l'espèce de tête de saule qui peut résulter de ce pincement. Tous ces soins sont essentiels pour la création et l'entretien des productions fruitières sur l'arête de ces trois branches. Leur omission est souvent la cause qui produit tant de vides sur les pêchers. Cette manière de traiter les branches secondaires supérieures est la même pendant toute la vie de l'arbre.

203. Enfin, comme il ne faut pas craindre de se répéter, afin d'appeler l'attention du lecteur sur les bases fondamentales de la taille du pêcher, je terminerai en disant que sa réussite dépend du soin que mettra le cultivateur :

204. 1° A former des branches mères bien nourries, allant en s'effilant régulièrement de leur insertion au sommet, sans inégalités même à la place des tailles, et c'est par le dressage qu'on obtient ce résultat.

205. 2° A obtenir des branches secondaires inférieures d'une force relative convenable, et d'une constitution semblable à celle des branches mères, c'est-à-dire parfaitement droites et effilées, sans renflement ni nodosités.

206. 3° A ne former les branches secondaires supérieures que lorsque les branches inférieures sont assez fortement constituées pour qu'il n'y ait pas à craindre que ces branches puissent les appauvrir en leur enlevant la séve nécessaire; et il vaut mieux retarder d'un an ou davantage la formation de ces dernières que de risquer de tomber dans cet inconvénient.

207. 4° A profiter de tous les yeux ou bourgeons qui se développent dessus et dessous chaque branche, pour parvenir à garnir convenablement son arête de petites branches à fruit que le remplacement fera succéder les unes aux autres, et à détruire les yeux qui percent au devant des branches, quand ils sont inutiles, aussitôt qu'ils se montrent, afin de ne pas les laisser développer, ce qui oblige à des suppressions qui laissent des traces désagréables. Quant à ceux qui poussent derrière, on les supprime également, à moins qu'on ait un vide à remplir, auquel cas on les utilise de préférence à ceux du devant, en les palissant de manière à les ramener peu à peu sur le côté.

208. 5° Enfin à faire, pour assurer tous ces résultats, un usage raisonné des moyens que présentent l'ébourgeonnement qui doit être complet, le pincement qu'il ne faut pas prodiguer sans raisonnement, et la taille en vert si utile pour concentrer la séve dans la base du rameau de remplacement. Il ne faut pas oublier non plus l'importance du dressage, qui impose aux branches une direction parfaitement droite, favorable à la circulation de la séve; du palissage, dont j'ai fait connaître les effets selon qu'il est lâche ou serré, et qu'il assujettit le rameau ou la branche dans une position aisée ou forcée, verticale ou inclinée; et enfin de l'application

d'un auvent sur la partie forte, pour la retarder; et de la greffe en écusson à œil dormant (46) et en approche (122), lorsqu'il n'y a pas un moyen plus naturel de faire naître une production dont on a besoin. En apportant dans cette pratique les soins et l'intelligence convenables, on aura, le plus souvent, des pêchers d'une forme régulière, dont l'écorce des branches charpentières sera vive et presque lisse, indice d'une santé parfaite, et dont les arêtes seront garnies d'un grand nombre de petites branches également espacées environ de 10 à 12 centimètres, lorsque l'on utilise le bourgeon anticipé : ces pêchers donneront une récolte abondante.

3. *Observations sur la forme en espalier carré.*

209. J'ai, sous ce titre, à la page 74 de ma première édition, fait remarquer à mes lecteurs la disposition relative des six branches secondaires de chaque aile, dont les supérieures avaient leur insertion sur la branche mère au-dessous, et à l'opposé de l'insertion des branches secondaires inférieures. Je disais qu'au premier coup d'œil cette disposition pouvait paraître mal calculée et avoir l'inconvénient d'attirer dans les branches supérieures une plus grande quantité de séve que si chacune d'elles avait son attache au-dessus de la secondaire inférieure qui lui est opposée, et j'annonçais l'intention d'élever un pêcher de cette manière pour apprécier le résultat avec plus de certitude.

210. Toutefois je disais que, pour former ainsi un pêcher, il faudrait probablement créer plus bas que je ne l'indique la première secondaire inférieure B (voyez la *pl. IV*), afin qu'en établissant les deux autres C D avec l'intervalle que j'ai prescrit elles se trouvassent également descendues. Cet abaissement devait avoir pour but de diminuer le vide qui se trouve au centre du pêcher entre les branches E de chaque aile, vide déjà assez grand dans la formation

que j'ai décrite. Il est vrai qu'on pouvait éviter cet inconvénient en prenant sur chacune d'elles une quatrième secondaire supérieure, comme on le voit en F. Dans la pratique, ces prévisions ne se sont pas réalisées. Il est difficile, pour ne pas dire impossible, d'établir plus bas la branche B, parce qu'alors elle se trouve trop près du sol, qu'elle manque d'air, qu'elle végète languissamment et ne peut vivre longtemps. Mais un autre obstacle encore a surgi, c'est que la branche secondaire supérieure E″ ne trouve plus assez de place sur la branche mère au-dessus de l'attache de la branche D. Trop rapprochée de la pointe A, elle y appelle une quantité de séve qui devient embarrassante et tend incessamment à rompre l'équilibre. J'ai cependant, à Rosny, formé quelques pêchers ainsi, à l'exception de cette branche E″ que j'ai été forcé de faire développer au-dessous de la troisième inférieure D. De tout ceci il est résulté pour moi la conviction que le meilleur conseil que je puisse donner est d'établir les branches de la charpente de la manière prescrite dans la présente section, sans chercher des améliorations illusoires. D'ailleurs, la méthode que j'ai indiquée pour la conduite des branches supérieures suffit pour qu'on en règle la végétation à volonté, et on n'a plus à craindre d'être dominé par elles, comme j'en donnerai de nouvelles preuves plus loin.

SECTION VIe. — De quelques autres formes sous lesquelles je cultive le pêcher.

211. Bien que je croie avec raison, pour le plus grand succès dans la culture du pêcher, devoir donner toute préférence à la forme en espalier carré, j'ai voulu, outre la taille à la Montreuil qui ne pouvait manquer de trouver place dans mon livre, décrire encore d'autres formes dont je me suis occupé et qui tendront à justifier ce que j'ai dit, que le pêcher n'est rebelle que sous des mains inhabiles.

1. *Taille du pêcher à la Montreuil.*

212. Enfant de Montreuil, je ne manquerai pas de décrire la taille du pêcher dite à la Montreuil, malgré les critiques plus ou moins amères et plus ou moins fondées dont elle a été l'objet de la part d'auteurs trop exclusifs et trop engoués de leurs méthodes. (*Note VIII.*) Je n'irai pas, comme eux, choisir à dessein, pour exemples, des arbres mal réussis (et on en manque sous toutes les formes), ou soumis à l'ancien mode ; mais je dirai quelle est la taille que pratiquent les cultivateurs intelligents qui ne sont pas rares à Montreuil, et dont ils obtiennent de bons résultats. Au reste, la critique, on l'a dit, est plus aisée que l'art, et tel qui n'a rien trouvé à louer dans cette forme ne la connaît peut-être pas assez pour apprécier ce qu'elle a d'avantageux, et combien avec elle il est facile de réparer les accidents qui surviennent dans les dessous. Ceux qui, d'ailleurs, critiquent si fort cette sorte de taille voudront bien se rappeler que les communes de Montreuil, Bagnolet et Charonne sont le berceau de la culture du pêcher. C'est là que les premiers cultivateurs ont eu l'idée d'ouvrir à la séve deux routes parallèles, et de supprimer son canal direct, ce qui est encore aujourd'hui la base des tailles principales en espalier. En séparant ainsi la séve en deux forces égales, ils ont trouvé le moyen de créer une fécondité plus grande et de dompter la fougue du fluide séveux, qui cause parfois tant de désordres. On a plus ou moins imité leur manière, et on doit leur savoir gré d'avoir trouvé, depuis longtemps, les vrais principes de la taille la plus convenable au pêcher.

213. L'ancienne taille à la Montreuil consiste tout sim-

plement dans la formation de deux branches mères établies au moyen de deux yeux choisis à la même hauteur, un de chaque côté de la greffe. Ces deux branches mères, auxquelles on fait prendre, dès le commencement, une inclinaison considérable, sont taillées court, et développent à leur base une branche secondaire supérieure : celle-ci est palissée dans une inclinaison parallèle à celle de la branche mère ; elle développe également à sa base et en dessus une troisième branche, et ainsi de suite. On voit que dans cette manière toutes les branches sont prises dans les dessus et forment l'éventail. Il en résulte que la séve, naturellement disposée à s'élever, se porte en masse dans les dedans, y produit des pousses vigoureuses, qui appauvrissent d'autant la branche mère. On l'abaisse successivement pour leur faire place, et bientôt, devenue presque horizontale, des vides s'y forment, la séve se retire et la mortalité s'ensuit. Arrivée à ce point, Il n'y a pas d'autre moyen que de supprimer cette branche mère à l'insertion de celle placée immédiatement au-dessus, et que l'on fait descendre à la place qu'elle occupait. Une fois entré dans cette voie, le mal s'aggrave, et on le combat toujours par le même moyen, la suppression de la branche la plus inférieure qui se meurt, et son remplacement par la suivante qu'on abaisse. Cette suppression et cet abaissement successifs des branches, à mesure que la mortalité gagne les dessous, produisent des coudes et des nodosités où s'établissent des productions d'autant plus vigoureuses que ces coudes y arrêtent la séve, qui fait forcément irruption. Ces productions, qui deviennent volumineuses en peu de temps, attirent toute la séve, et le pêcher ne présente bientôt plus qu'un aspect informe dont le dessous est entièrement nu, et dont les dedans offrent des empâtements considérables, des branches coudées et d'un volume inégal, en même temps qu'il ne produit plus que des fruits mal venants et peu nombreux. Si on cherche à remédier à ce désordre par des suppressions faites dans les dedans, il arrive souvent que la gomme se déclare. De tels arbres, sans doute, ne sont pas faits pour glorifier la méthode de Montreuil, et, si ce sont ceux-là que les critiques ont eus en vue, je les leur abandonne volontiers. Mais les défauts de cette formation étaient trop visibles pour échapper aux cultivateurs qui n'agissent pas sans raisonner, et voici comme ils établissent l'espalier à la Montreuil, auquel ils ont, toutefois, conservé la forme en éventail. Voyez *pl. V*, *fig.* 1.

214. Pendant la première année de plantation, on forme la mère branche 1 de chaque aile par les moyens que j'ai décrits (158 à 160), et on maintient l'équilibre de force toujours à l'aide du palissage, de l'inclinaison plus ou moins grande, du pincement et de l'ébourgeonnement.

215. A la taille en sec de la deuxième année de plantation on taille les deux branches mères, pour la première fois, sur une longueur de 25 à 30 centimètres à compter de leur insertion, sur un œil en dessus propre à les prolonger, et qui soit suivi, en dessous, d'un autre œil qui puisse développer une première branche secondaire inférieure 2. On palisse, au fur et à mesure de son développement, le bourgeon qui prolonge la branche mère parfaitement dans la direction qu'elle doit suivre, et on tient le bourgeon destiné à devenir la première branche secondaire 2 dans une position plus horizontale, quoiqu'un peu relevée à son sommet, pour favoriser sa croissance.

216. A la troisième année de plantation, on donne une deuxième taille aux branches mères, d'une longueur proportionnée à leur végétation. Cette taille est, comme la précédente, assise sur deux yeux : celui de dessus pour prolonger la branche mère, celui de dessous pour former une seconde branche secondaire inférieure 3. On palisse, comme je l'ai dit plus haut, le bourgeon de la branche 1, et on dirige le bourgeon, qui deviendra la seconde branche infé-

rieure 3, de manière à ce qu'il partage en deux l'intervalle qui sépare les branches 1 et 2. On taille enfin celle-ci pour la première fois, et d'une longueur proportionnée à celle de la branche mère, dans le but de lui faire développer une patte ou branche tertiaire 3′, pour garnir le dessous, et appeler, par ses productions vertes, la séve dans cette partie. Quant aux bourgeons et rameaux qui percent sur ces branches, on les maintient dans les proportions convenables au moyen de l'ébourgeonnement et du pincement, et dans la prévision de les convertir en branches à fruit.

217. Au printemps de la quatrième année, on taille la branche mère 1 pour la troisième fois, et sur un œil terminal combiné qui puisse la prolonger. Cette taille est moins courte, ainsi que celle que l'on donne aux branches inférieures 2, 3 et 3′ pour les prolonger également. Rien n'empêche de les allonger autant que dans la forme carrée; leur longueur, toutefois, doit être raisonnée, car on a en vue d'y maintenir la séve, de leur faire prendre du volume, et de garnir suffisamment leur arête de petites branches.

218. A la cinquième année, on taille pour la quatrième fois la branche mère, pour la prolonger, et toutes les autres branches de la charpente dans le même but ; ces tailles sont allongées en raison de la vigueur de la végétation. C'est à cette taille que je fais développer à la fois les deux branches secondaires supérieures 4 et 5 par les moyens indiqués (185). L'insertion de la branche 4 est au-dessous de l'insertion de l'inférieure 2, et celle de la branche 5 partage l'intervalle qui existe entre les deux secondaires inférieures 2 et 3. A mesure qu'elles s'allongent, on les palisse parallèlement à la mère branche, en partageant l'espace occupé par la moitié du V.

219. A la sixième année, on taille toutes les branches de la charpente pour les prolonger, en traitant les secondaires supérieures comme je l'ai dit (187).

220. Enfin, à la septième année, on agit comme à la sixième, c'est-à-dire qu'on taille de même toutes les branches de la charpente pour les prolonger, et on établit sur la branche secondaire supérieure 5 une patte ou branche tertiaire 6 qu'on fait partir près de sa base (183). Dans cet état, la formation est complète.

221. Arrivé à ce point, le pêcher est composé de toutes ses branches charpentières, dont les arêtes ont chacune une suffisante quantité de petites branches bien vives, et préparées de façon à pouvoir se remplacer successivement chaque année (173); il ne s'agit plus que de le conserver ainsi le plus longtemps qu'il est possible. Pour cela, il n'y a pas d'autres moyens que de le traiter comme je l'ai dit pour la forme carrée. Mais il faut une surveillance continuelle, que les cultivateurs de Montreuil ne sont pas toujours en état d'exercer, à cause de la multiplicité des travaux qui les réclament. C'est là, bien plus que le manque de connaissances, la principale cause des défauts de leurs arbres. Il faut dire aussi qu'il y a, à Montreuil, des jardins tellement vieux, que la culture du pêcher ne peut plus y prospérer.

2. *Comparaison de l'espalier carré avec l'espalier à la Montreuil.*

222. Mes lecteurs ont pu remarquer que la charpente de ces deux formes se compose d'un même nombre de branches, mais ne s'établit pas de la même façon. Ainsi, dans la forme carrée, je commence par former les deux branches mères. A la première taille, je fais naître la première branche secondaire inférieure; à la deuxième taille, la seconde secondaire inférieure; à la troisième, la troisième secondaire inférieure; à la quatrième, je maintiens cette formation pour que les branches secondaires inférieures prennent de

la force, et que la séve s'habitue, pour ainsi dire, à y passer facilement; à la cinquième ou sixième taille, je fais choix à la fois des trois branches fruitières destinées à former les trois branches secondaires supérieures; à la sixième, je taille ces trois branches pour la première fois, comme branches charpentières; à la septième, pour la seconde fois; à la huitième, pour la troisième; et l'arbre est complétement formé. Il se compose de deux branches mères sur lesquelles sont insérées six branches, trois dessous et trois dessus, alternant entre elles et distantes les unes des autres de 80 centimètres à 1 mètre.

223. Dans l'espalier à la Montreuil, on commence également par la formation des deux branches mères. A la première taille, on fait naître la première branche secondaire inférieure; à la deuxième, la seconde secondaire inférieure et la branche tertiaire inférieure ou la patte ; à la troisième, on taille les branches existantes, pour les renforcer et les garnir de petites branches; à la quatrième, on forme les deux secondaires supérieures ; à la cinquième, on taille pour prolonger et renforcer les branches charpentières, et à la sixième on fait naître la branche tertiaire supérieure qui complète la charpente. Celle-ci se compose donc de deux branches mères sur lesquelles sont insérées quatre branches, deux en dessous 2 et 3, et deux en dessus 4 et 5. Deux branches tertiaires ou pattes sont, de plus, développées une à une sur chacune des deux branches secondaires assez près de la base. Ce sont, en dessous, la branche 3′ et, en dessus, celle n° 6.

224. L'espalier en forme carrée remplit, sans vides, un parallélogramme allongé; l'espalier à la Montreuil présente la forme d'un éventail.

225. On voit de suite, par cet exposé comparatif, que les principales différences consistent dans la disposition des branches que l'on établit par les mêmes moyens, dans la

forme carrée comme dans celle en éventail. Tout en donnant pour mon compte la préférence à la taille carrée, parce que les branches secondaires forment, à leur insertion sur la branche mère, des angles plus ouverts qui laissent plus de place au développement et au palissage des petites branches, je ne peux que conseiller aussi la forme à la Montreuil. Dans l'une et l'autre, j'insisterai de nouveau sur l'importance qu'il y a de retarder la formation des branches supérieures jusqu'à ce que les inférieures soient fortement constituées. De cette précaution dépendent à la fois et l'équilibre de la végétation et la durée des arbres.

226. Toutefois je dois dire que l'espalier à la Montreuil présente un grand avantage dans la facilité avec laquelle on peut remplacer une branche perdue. Il suffit, en effet, de descendre, pour remplir le vide, la branche qui se trouve au-dessus, et de laisser former une nouvelle branche dans le dedans, sur la branche secondaire supérieure. C'est pourquoi dans les mains des cultivateurs soigneux on voit beaucoup de beaux arbres et toujours bien pleins.

227. Au reste, il est vrai que l'espalier en éventail, tel qu'on le conduit à Montreuil, a inspiré l'idée de la forme carrée, mise aussi en pratique, pour la première fois, sur son territoire, par M. J. M. Bausse. C'est pourquoi les amateurs qui adopteront cette dernière devront la considérer comme également originaire de ce pays, car, si je suis le premier à publier cette méthode, je ne suis pas le seul, à Montreuil, à la pratiquer.

228. Ceci est, je l'espère, la réponse la plus catégorique à faire aux auteurs qui, cherchant à dénigrer les cultures de notre pays, ont prétendu que tous les Montreuillois n'étaient que des routiniers stationnaires. Ils reconnaîtront, peut-être, que ces cultivateurs raisonnent la culture du pêcher aussi bien que qui ce soit, et qu'il en est parmi eux de très-capables de perfectionner la taille de cet arbre précieux non

par des améliorations imaginées au coin du feu, mais par des procédés pratiques que le soleil éclaire et dont tout le monde peut prendre connaissance.

3. *Pêchers en palmette à cordons horizontaux.*

229. J'ai dit, page 74 de ma première édition, qu'on pouvait voir chez moi un espalier de pêchers disposés en cordons horizontaux, comme la vigne cultivée à la Thomery ; je me suis réservé de décrire cette formation lorsqu'elle serait complète, je viens remplir cette promesse. (*Note IX.*)

230. La *fig.* 2, *pl. V*, représente une portion de cet espalier, qui se compose de huit pêchers semblables aux n°s 2 et 3, c'est-à-dire ayant des cordons à gauche et à droite, et de deux pêchers comme le n° 1, n'ayant que des cordons d'un seul côté et encadrant l'espalier. Le n° 1 qui commence l'espalier les a à droite, et l'arbre qui le termine les a à gauche.

231. Les jeunes pêchers employés pour former cet espalier ont été choisis selon les indications (53 à 55) et plantés ainsi que je l'ai dit (64 à 66). La distance entre chaque pied est de 5 mètres. Cet intervalle, toutefois, est un peu exagéré, et assez difficile à remplir convenablement, surtout lorsqu'il s'agit de maintenir un équilibre parfait de végétation dans un pareil nombre d'arbres. C'est pourquoi je conseille, aux personnes qui voudront former un espalier sur ce modèle, de ne laisser entre chaque pied qu'une distance de 4 mètres : elle me paraît mieux en proportion avec la hauteur de nos murs, qui est de 3 mètres.

232. Au moment de la plantation, je coupe la tête de la greffe sur un œil placé devant, et convenablement disposé pour prolonger la tige. Je laisse au-dessous de cette coupe tous les yeux qui peuvent exister, et je fais développer celui qui est le plus convenablement placé. A mesure que le bour-

geon combiné prend du développement, je l'attache aussitôt qu'il peut l'être, pour le maintenir, et j'en surveille la croissance, qu'il faut conduire de façon à bien constituer les yeux qui se forment sur sa longueur et surtout à sa base, parce qu'ils sont destinés à former des branches à fruit. Quant à ceux qui pourraient s'ouvrir, il faut les traiter comme je l'ai dit pour les faux bourgeons (139), c'est-à-dire les pincer à cinq ou six feuilles pour les convertir en branches à fruit l'année suivante.

233. DEUXIÈME ANNÉE DE PLANTATION. *Première taille.* — Je taille toutes les flèches de tiges sur un œil ou un bourgeon anticipé placé devant, et qui formera leur prolongement, et je choisis au-dessous et à gauche, en regardant l'espalier, un œil pour former le premier cordon A, qui doit être à 40 centimètres du sol ; on aura soin d'examiner la hauteur du mur, afin de prendre juste la distance du cordon qui peut varier de quelques centimètres. Cela fait, il n'y a plus qu'à suivre la croissance de la tige, dans le but de l'empêcher de s'emporter. Quant au cordon A, dès qu'il peut être attaché, on le fixe horizontalement à sa base, pour que plus tard, lorsque cette base sera devenue grosse et ligneuse, on n'éprouve aucune difficulté à lui faire prendre cette position ; on relève son sommet, qu'on attache obliquement pour favoriser son développement, sans cependant le laisser trop s'allonger, afin qu'il prenne un volume en rapport avec celui de la flèche. On taille selon leur force les rameaux qui se sont formés le long de la tige, et ensuite on surveille toutes les nouvelles productions qui se développent successivement, ainsi que les bourgeons anticipés ou redrugeons, dont les pointes de la flèche et du cordon A se garnissent souvent, pour les maintenir tous dans une proportion relative de force et bien disposés pour en faire de petites branches, ainsi qu'il est dit (232).

234. Tous les pêchers de l'espalier présentent donc, à la

suite de cette première taille, une tige verticale qui s'élève, et un premier cordon A à gauche, dont l'insertion doit être régulièrement placée à la même hauteur, ce qui importe pour le coup d'œil. Mais on conçoit que, si on n'aidait pas la nature, il ne serait pas toujours possible de trouver, sur neuf pêchers plantés à côté les uns des autres, des yeux placés à gauche, tous à 40 centimètres du sol. Lorsque, ainsi que je viens de le dire, il n'existe pas un œil disposé convenablement ni un rameau qu'on puisse tailler dans le même but, je cherche au-dessous un autre rameau ou faux rameau qui puisse y suppléer; en le redressant il arrive qu'il se trouve à la hauteur voulue, et que, taillé à propos, il devient le cordon dont j'ai besoin. Ce moyen, fort simple et qui peut être employé pour la formation de chacun des autres bras, me réussit assez bien. D'ailleurs, à mesure que le cordon se développe, la manière dont il est palissé rétablit la précision, car on conçoit qu'on peut ainsi dissimuler quelques centimètres. Un autre moyen peut être employé très-utilement; c'est, lorsque la tige a atteint 50 ou 60 centim., arquer à la hauteur de 40 centimètres de terre, juste à l'endroit où il y a un œil destiné à prolonger la tige. Si cet œil se trouve derrière, on le tournera de façon à le mettre sur le devant; on peut continuer ainsi pour chaque étage, en conservant les distances. (Ce même procédé s'emploie pour les autres formes qu'on donne au pêcher, pour la double palmette, la lyre, etc.)

235. Enfin, lorsque aucune de ces conditions ne paraît devoir se réaliser, on peut poser, dans le courant d'août, avant la suspension de la séve, un écusson à œil dormant à la place où doit être formé le cordon, afin de porter la coupe au-dessus de lui à la taille suivante.

236. J'ai dit qu'il fallait ralentir suffisamment la croissance de la flèche, pour que le premier cordon acquière une force proportionnée à la sienne. Pour cela, le meilleur

moyen est de placer, au-dessus et près d'elle, une planche (164) qui lui cache le ciel et que l'on relève successivement. On conserve cette planche jusqu'à ce que l'équilibre de forces que l'on recherche soit obtenu.

237. Si, malgré ces soins, la flèche vers laquelle la séve afflue abondamment continuait à s'emporter, on la rabattrait à la taille en vert, en la coupant derrière un bourgeon anticipé placé devant, lequel en se développant dissimule cette taille, et on le palisse aussitôt en le gênant assez pour ralentir sa végétation.

238. Troisième année de plantation. *Deuxième taille.* — C'est la répétition de la première, excepté que, au lieu de former sur les neuf pêchers le premier cordon A à gauche, on forme le deuxième cordon B à droite, et à 45 centimètres au-dessus et à l'opposé de l'insertion du cordon A. Cet intervalle de 45 centimètres est indispensable pour le palissage des petites branches. Tous les soins indiqués pour la première taille sont applicables à celle-ci et aux suivantes, car c'est toujours les mêmes moyens à employer pour la formation de chaque cordon.

239. Quatrième année de plantation. *Troisième taille.* — On forme les cordons C à 90 centimètres au-dessus des cordons A, et à 45 centimètres au-dessus et à l'opposé des cordons B.

240. Cinquième année de plantation. *Quatrième taille.* — On forme les cordons D à 90 centimètres au-dessus des cordons B, et à 45 centimètres au-dessus et à l'opposé des cordons C.

241. Sixième année de plantation. *Cinquième taille.* — On forme les cordons E à 90 centimètres au-dessus des cordons C, et à 45 centimètres et à l'opposé des cordons D. Tous ces cordons, excepté celui du dixième pêcher, qui n'a que des cordons à gauche, se forment par les moyens précé-

demment indiqués. Le cordon E du dixième pêcher résulte du prolongement de la flèche qu'on courbe à gauche, à 70 centimètres du chaperon, et que l'on attache dans une direction à peu près horizontale.

242. Septième année de plantation. *Sixième taille.* — On termine la formation de l'espalier. Pour cela, dès que la flèche des neuf pêchers de gauche est arrivée, pendant le cours de l'année précédente, à 25 centimètres du chaperon, on a commencé à l'arquer vers la droite, en la palissant de manière à ce qu'elle reste à cette distance, et y forme le sixième et dernier cordon F. A la taille, on coupe cette flèche sur un œil ou rameau faible placé devant, et que l'on palisse plus ou moins serré, selon le besoin.

243. A moins d'accidents survenus aux pointes des cinq autres cordons, aucune n'est taillée pendant la formation de l'espalier. C'est toujours par le développement de leur œil terminal naturel qu'on les laisse se prolonger; mais, si l'une d'elles avait péri par accident, on peut revenir tailler sur le vieux bois, au-dessus d'un rameau convenable que l'on conduit de manière à la réformer. Si, ce qui est rare, une pointe s'emportait, il faudrait la traiter, comme il a été dit (193) pour les branches secondaires supérieures.

244. Après le complet établissement des six cordons, et lorsqu'ils viennent toucher le pêcher sur lequel ils ont été dirigés, force est de les tailler pour empêcher les croisements. On les taille alors selon leur force, c'est-à-dire plus ou moins longs en raison de leur végétation de l'année précédente; on assied la coupe sur un œil bien constitué dans les cordons qui sont faibles, ou même sur un rameau convenablement placé, auquel on laisse plus de liberté à mesure qu'il se développe, afin que le cordon se fortifie. Au contraire, on choisit dans les cordons robustes un œil faible, et, dès qu'on peut palisser sa pousse, on l'attache presque entièrement sur une ligne horizontale, et assez serré pour ralentir sa

croissance. En un mot, on opère la taille de ces six cordons absolument comme je l'ai indiqué pour les branches supérieures de l'arbre carré.

245. Quant aux branches à fruit, on les traite comme je l'ai dit précédemment (98 à 106).

246. Voici donc l'espalier formé complétement, et présentant six cordons, dont ceux A C E sont à gauche de la tige, le premier à 50 centimètres du sol, et les autres à 90 centimètres l'un de l'autre; et ceux B D F, à droite, le premier à 85 centimètres du sol, et les autres également à 90 centimètres ; ce qui porte la hauteur de l'espalier à $2^m,75$, et place le cordon F à 25 centimètres du chaperon. On voit, par la *fig.* 2, que les cordons A C E du pêcher n° 3 partagent également les intervalles des cordons B D F du n° 2 et réciproquement, de façon que, sur la longueur de l'espalier (45 mètres), les six cordons paraissent exister sans la moindre interruption, ce que l'on peut vérifier chez moi, et on reconnaîtra que le mur est parfaitement et élégamment garni.

247. Toutes les flèches des neuf pêchers de gauche sont arquées à droite, pour former le sixième cordon F; celle du dixième pêcher, qui termine l'espalier, est seule arquée à gauche (241).

248. D'après ce que je viens de dire pour dresser des pêchers en palmettes à cordons horizontaux, il semblerait que ce soit la chose du monde la plus simple, et elle le serait en effet, si les accidents et les intempéries ne venaient pas trop souvent déranger l'exactitude du travail. Ainsi, indépendamment des inégalités de forces qui se produisent communément, et pour lesquelles j'ai indiqué ce qu'il y avait à faire, j'ai perdu un des pêchers de cet espalier, mort je ne sais pourquoi à la cinquième année de sa plantation, et, en juin 1844, la grêle, qui a si cruellement frappé Montreuil, a endommagé plusieurs cordons d'une manière grave, cet espalier étant à l'exposition de l'ouest.

249. Voici comment j'ai remplacé le pêcher mort : j'ai fait choix d'un arbre vigoureux, âgé de deux ans et bien garni d'yeux sur le prolongement de la tige. Après avoir arraché le pêcher mort et renouvelé complétement la terre dans laquelle il avait végété, j'ai planté mon nouvel arbre à sa place. Immédiatement après la plantation, j'ai taillé sa flèche sur un œil de devant pour la prolonger, et au-dessus d'un œil ou rameau placé à gauche, et dont j'ai fait le premier bras. Pendant l'année de la cinquième taille, ce premier cordon a été favorisé, dans sa croissance, par un palissage presque vertical, excepté à sa base, à laquelle j'ai imposé une direction horizontale sur une longueur de 4 à 5 centimètres. La flèche, palissée convenablement, s'est développée avec vigueur, et, lorsqu'elle a eu atteint la hauteur du second cordon, je l'ai taillée en vert, sur un œil de devant propre à la prolonger, et au-dessus d'un sous-bourgeon placé à droite pour former le second bras. Le premier cordon a continué sa végétation ; la taille de la flèche a fait ouvrir en bourgeon l'œil destiné à son prolongement, lequel a été conduit de façon à favoriser la croissance du second cordon, que j'ai palissé en conséquence, et à l'époque de la suspension de la végétation le nouvel arbre figurait deux cordons, et sa flèche avait aussi son prolongement ; seulement les deux cordons étaient palissés plus verticalement que les autres.

250. Pendant cette année, j'ai dû surveiller avec le plus grand soin toutes les productions herbacées qui se sont développées sur la tige et les bras, en maintenant les plus élevées par un pincement partiel, et ne supprimant rien sur les plus basses, pour les fortifier, excepté cependant sur quelques-unes qui devenaient trop vigoureuses, et pouvaient appauvrir ou ruiner leurs voisines.

251. A la sixième taille, ce pêcher a pu être conduit comme les autres et former son dernier cordon, et à cela près de moins de vigueur et d'une disposition moins hori-

zontale de ses cordons, il n'y avait nulle différence entre lui et ses voisins. L'année suivante, il n'aurait pas été possible de le reconnaître, tant il était égal aux autres. Toutefois, je ferai remarquer qu'il vaut infiniment mieux mettre une année d'intervalle entre la formation de chaque cordon, parce que sa constitution est plus robuste, et qu'il résiste mieux à l'espèce de détournement de séve que produit sur lui le cordon supérieur, ses rameaux et petites branches ayant un développement propre à y appeler une grande masse de fluide séveux. C'est pourquoi je conseille, aux personnes qui voudront former un espalier semblable, d'élever à part deux ou trois autres pêchers disposés de la même manière, afin de pouvoir, dans un cas pareil, remplacer un arbre mort par un autre de mêmes âge et formation.

252. Quant aux cordons endommagés par la grêle, je les ai conservés jusqu'à présent, avec quelques soins, comme de nettoyer les déchirures de l'écorce, et de couvrir les plaies qui en sont résultées avec de la cire à greffer ou de l'onguent de Saint-Fiacre ; mais quelques pointes s'étant appauvries, j'ai dû les supprimer et les renouveler au moyen d'un rameau inférieur (243).

253. J'insiste, en finissant, sur l'importance qu'il y a à tailler toutes les branches à bois sur un œil ou rameau placé devant pour les prolonger, parce qu'il en résulte que les coupes ne sont perceptibles qu'à des yeux exercés, et qu'au premier coup d'œil les tiges et les cordons paraissent n'être formés que d'une seule pièce.

254. Depuis la troisième édition de cet ouvrage, j'ai eu l'idée de dresser ces palmettes à cordons horizontaux par le moyen de l'arqûre, que je fais subir aux pointes des branches. Voici comme je m'y prends : une fois que le premier cordon a été formé (233), il faut préparer le second cordon aussitôt qu'on arrive à la hauteur de 45 centimètres. Pour cela, on arque l'extrémité herbacée du bourgeon en formant la courbe aussi régulière que possible, et veillant à ce qu'il se trouve un œil précisément au-dessus d'elle, pour servir de prolongement à la tige verticale. On redresse obliquement son extrémité pour favoriser son allongement. Si l'œil manquait en dessus, il faudrait tourner le bourgeon, ce que rend facile sa constitution herbacée, afin de ramener en dessus l'œil du dessous. S'il venait à s'ouvrir en faux bourgeon, il faudrait veiller à modérer son développement par le palissage et le pincement, et, à la taille suivante, on le couperait à 20 centimètres de son insertion, sur un œil dormant, qui constituerait le troisième cordon. On opère ainsi jusqu'à la fin de l'espalier.

4. *Pêcher en palmette simple.*

255. Cette forme est une des plus faciles ; elle est très-ancienne, mais peu de personnes l'avaient assez raisonnée pour l'établir convenablement, ou du moins en constituant bien les membres inférieurs d'une manière irréprochable ; aussi ai-je cru devoir la faire dessiner pour cette édition (*pl. VIII, fig.* 1). L'exemple choisi a l'extrémité des branches sous-mères redressée en forme de candélabre. Lorsqu'on veut prendre cette forme, qui exige des coudes bien prononcés, on aura soin de couder les branches au moment de la végétation, quand elles sont encore herbacées ; ce qui prévient leur rupture ainsi que la formation de la gomme aux endroits pliés.

255 *bis*. Première année. On plante un sujet de dix-huit mois comme pour toute autre forme ; on le rabat à 20 centimètres de la greffe, sur un œil de devant, on laisse développer un bourgeon verticalement, le mieux placé, et on pince à deux feuilles tous ceux inutiles. Celui conservé devra être palissé au fur et à mesure de son développement pour

le garantir contre les vents, mais sans trop le gêner, afin qu'il prenne le plus de développement possible.

256. Deuxième année. Ce sujet devra être taillé à environ 40 centimètres du sol, en combinant trois yeux dormants, l'un pour le prolongement de la tige verticale, et un de chaque côté pour les deux premières branches latérales. Il faut surveiller ces trois bourgeons, afin que le terminal ne domine pas les deux latéraux, qui ont besoin d'être bien constitués. Si le bourgeon terminal, œil combiné pour faire la charpente, qui est toujours muni de trois yeux à bois (sous-œils), paraissait trop vigoureux, on supprimerait l'œil du milieu en conservant le sous-œil le mieux placé, ce qui éviterait un pincement. Si ce sous-œil se développait trop vigoureusement, on le pincerait à 50 ou 60 centimètres, suivant la hauteur de l'espalier, pour faire un nouvel étage. Ensuite on palissera chacun de ces bourgeons pour leur faire prendre une direction bien droite, mais cependant sans trop les gêner, afin que chacune de leurs extrémités continue à s'allonger et conserve l'équilibre entre elles.

257. Troisième année. On taille les deux premiers bras latéraux aux trois quarts de leur longueur, qui peut être environ de 1m,30 à 1m,50 de chaque côté ; les branches latérales de la deuxième série peuvent être taillées sur une longueur d'environ 60 à 80 centimètres de chaque côté, et le rameau terminal à cinq ou six yeux au-dessus de la deuxième série, et, lorsque son bourgeon terminal sera développé et aura atteint la longueur voulue, on lui donnera un pincement pour préparer la troisième série comme on a préparé la deuxième. On doit obtenir toutes les séries de cette même manière. Si l'arbre n'a qu'une végétation ordinaire, on ne fera qu'un étage chaque année par la taille d'hiver, afin de bien les constituer à mesure que l'arbre gagne en hauteur. Si le pêcher poussait vigoureusement, on

pourrait obtenir deux étages dans la même année, l'un par le pincement et l'autre par la taille d'hiver. Le traitement des branches est absolument le même que dans toutes les formes.

5. *Pêcher en palmette double.*

258. *Première taille.* Le pêcher étant planté, le travail de cette première taille consiste à diviser l'arbre en deux parties égales et à laisser développer un œil de chaque côté. Les rameaux qui en proviendront seront dirigés en forme de fer à cheval, dont les deux branches seront espacées d'environ 50 centimètres; on palissera l'extrémité pour la maintenir, mais sans la gêner.

259. *Deuxième taille.* On taillera chacun de ces rameaux à 40 centimètres du sol, en combinant deux yeux de chaque côté, l'un pour en faire le prolongement et l'autre pour faire la première branche latérale inférieure. Dès le commencement de la végétation, on place presque horizontalement la base des deux bourgeons qui doivent faire les premières branches latérales, et on relève la pointe sur 45 degrés environ pour faciliter son allongement. Quant aux bourgeons de prolongement, il faut les surveiller pour qu'ils ne prennent pas plus de développement que les sous-mères; à cet effet, on leur donne un palissage serré, et on emploie les moyens usités pour faire refluer la séve dans les branches charpentières inférieures.

260. *Troisième taille.* Les premières branches latérales pourront être laissées aussi longues que possible. Si elles sont d'égale force, et que l'œil terminal de chaque extrémité soit bien nourri, on ne les taillera pas; si, au contraire, il paraissait mort ou fatigué par les rigueurs de l'hiver, on les

taillerait sur un œil inférieur convenablement constitué.

261. Le rameau vertical devra être taillé à 25 centimètres au-dessus de la sous-mère. Au moment de la végétation, lorsque l'œil de prolongement atteindra 30 centimètres environ, c'est-à-dire arrivera à 50 centimètres de la première branche latérale, on lui fera subir une arqûre. Pour cela, on courbe l'extrémité du bourgeon d'une manière aussi régulière que possible, en veillant à ce qu'il se trouve un œil précisément au-dessus de la courbe, pour servir de prolongement à la tige verticale. On redresse obliquement l'extrémité de la sous-mère pour faciliter son allongement. Si l'œil manquait en dessus, il faudrait tourner le bourgeon, afin de ramener en dessus l'œil du dessous.

262. *Quatrième taille.* Si les deux yeux destinés au prolongement des tiges verticales se sont développés en faux bourgeons, on les taille à 15 centimètres de leur insertion, et dans le cours de la végétation, lorsque ces deux bourgeons de prolongement verticaux seront distants de 60 centimètres des secondes branches latérales, on les arquera en laissant une distance de 50 centimètres, comme on l'a déjà fait entre les premières branches latérales et les secondes.

263. On devra opérer de même pour les étages supérieurs et n'en faire qu'un chaque année. Quelquefois, si l'arbre est vigoureux dans les étages de l'extrémité, on peut en faire deux dans une année ; mais, je le répète, il faut que l'arbre soit bien vigoureux et sa base bien constituée.

264. Quant aux branches latérales, il faut les tailler, chaque année, aussi longues que possible, et les incliner jusqu'à ce qu'elles soient sur 20 à 25 degrés environ.

265. A la *sixième taille*, le pêcher est terminé ; il offre cinq cordons horizontaux de chaque côté. La distance entre chaque aile est de 50 centimètres, qui constituent l'ouverture ; la profondeur du fer à cheval est de 2 mètres. Les branches horizontales 1 et 1' sont établies à 0m,40 du sol ;

chacune des autres est distante de 50 centimètres de celle qui la précède, ce qui amène le cinquième cordon à 40 centimètres du chaperon, le mur ayant 3 mètres de hauteur. Cette distance est nécessaire pour le palissage des petites branches dont toutes les arêtes supérieures sont garnies.

266. Cette forme est incontestablement celle qui garnit le mur avec le moins de vides. En effet, l'intérieur du fer à cheval est rempli par les petites branches, qu'on entretient avec soin sur l'arête du dedans des deux branches-tiges, et les cinq cordons de chaque aile tapissent également de leurs branches fruitières l'intervalle qui les sépare.

267. L'entretien de cette forme ne présente pas de difficultés sérieuses. La séve, appelée dans chaque aile par une égale puissance, se divise sans efforts par moitié. Les deux branches-tiges, les seules parties verticales d'un tel pêcher, et qui n'ont, chacune, qu'une longueur de 2 mètres, n'ont pas une étendue suffisante pour disputer, avec avantage, le fluide nourricier aux cinq cordons qui en attirent, chacun, leur part, et qui, dans un espalier de $8^{m},50$, agissent, de chaque côté, avec une force d'aspiration de 20 mètres de longueur horizontale (chacun en ayant quatre) garnis de productions vives qui appellent activement l'affluence de la séve. N'oublions pas, d'ailleurs, que l'extrémité supérieure du dernier cordon ne reste pas dans une position verticale, mais qu'au contraire elle est courbée horizontalement sur une longueur de 4 mètres.

268. Si sous ce rapport on compare la forme en palmette double à la forme carrée, on voit qu'il existe entre elles une énorme différence. En effet, les canaux ascendants ouverts à la séve dans l'espalier carré occupent, dans un pêcher de $8^{m},50$, une étendue linéaire de 20 mètres, représentée par les deux branches mères et les trois branches secondaires supérieures qui surmontent chacune d'elles; tandis que la circulation horizontale, par les trois secondaires inférieures

de chaque côté, se borne à un parcours de 16 mètres. Il en résulte une forte présomption que l'entretien de la forme en palmette double est plus facile que celui de la forme carrée.

269. La taille de la première se fait, après sa formation complète, d'une manière uniforme sur toutes les branches de la charpente : elles sont au nombre de dix, tandis qu'il y en a quatorze dans la forme carrée. Toutes sont taillées sur une longueur égale, soit en asseyant la coupe sur un œil convenablement placé pour fournir le bourgeon de prolongement, soit en rabattant sur un rameau dont on forme la nouvelle pointe, en le taillant et le palissant à cet effet. soit enfin en maintenant l'œil terminal naturel, s'il se trouve dans de bonnes conditions. Tant que ces branches peuvent se prêter uniformément à un allongement rationnel, c'est-à-dire qui n'apporte aucun désordre dans la bonne constitution des productions les plus inférieures, il faut allonger la taille, et un arbre ainsi formé peut prendre une étendue égale à quelque autre forme que ce soit.

270. L'inégalité de force dans les cordons se répare sans difficultés; si l'un d'eux avait faibli, on le ramènerait à l'état normal soit en lui laissant plus de liberté dans ses attaches, soit en le portant plus ou moins en avant à l'aide de tuteurs, soit enfin en lui laissant moins de fruit. Lorsque les pointes se développent par la végétation, on les palisse plus ou moins horizontalement, selon l'état général de la branche qu'elles terminent, et la position qu'on leur donne augmente leur force quand elle se rapproche de la verticale, et la diminue quand elle est complétement horizontale.

271. Les branches à fruit sont, dans toutes les formes, traitées de la même manière.

272. Cette forme, gracieuse à l'œil et garnissant le mur sans aucun vide, offre tous les avantages que peut présenter telle autre forme qu'on voudra choisir, même le pêcher carré. Nous avons vu tout à l'heure que, sur un espalier de $8^m,50$

de longueur, la totalité de sa charpente offrait une étendue linéaire de 36 mètres, tandis qu'elle est de 44 mètres dans un pêcher en palmette double de pareille surface. Je dois encore ajouter que, dans cette dernière, les petites branches peuvent être disposées avec une symétrie plus régulière et sans la moindre coufusion, ce qui arrive quelquefois, dans la forme carrée, aux branches à fruit qui se trouvent à la base des branches secondaires, dont les angles plus ou moins fermés en rendent le palissage moins facile.

273. Je crois donc être parfaitement fondé à recommander la forme en palmette double à l'égard de la forme carrée, parce que l'expérience m'en a démontré tous les avantages. On peut établir des pêchers carrés au moyen de l'arqûre.

6. *Pêcher en lyre.*

274. Ce pêcher, représenté par la *pl. VI*, a été gravé sur un dessin fait par mon fils, d'après l'arbre qui existe et qu'on a pu voir dans mes cultures. Cette forme ne diffère en rien du pêcher en palmette double, si ce n'est par les courbures qu'on impose aux branches-tiges A et A′, et que l'on obtient par le palissage.

275. La manière de dresser un pêcher en lyre est donc en tout semblable à celle que je viens de décrire.

276. Je me contenterai d'ajouter qu'il est possible de dresser un pêcher en palmette double par la taille successive des branches mères, à la hauteur où l'on doit prendre chaque branche secondaire des deux côtés, en les taillant sur un œil de devant suivi immédiatement d'un œil de côté. Mais la méthode que j'ai indiquée est infiniment plus facile, à cause du développement que prennent les mères branches, dont il faut arrêter la pousse par le pincement, et malgré l'auvent qu'il faut placer presque constamment au-dessus d'elles pour en modérer la végétation.

7. *Pêcher en U simple et en U double.*

277. Cette gracieuse forme est la plus facile à établir; on doit la conseiller aux amateurs qui n'ont que peu de murs à consacrer à la culture du pêcher; une plantation de ce genre donne la facilité de réunir un certain nombre d'espèces sur un petit espace et d'obtenir promptement un espalier en plein rapport.

277*. On prépare le terrain comme je l'ai indiqué § 63. Après avoir choisi de beaux pêchers de dix-huit mois, sortant de la pépinière et munis d'yeux à leur base (*pl. I, fig.* 13), on les rabat à 20 centimètres environ au-dessus de la greffe, au moment même de la plantation; on a soin de rafraîchir les racines qui seraient mutilées pendant l'arrachage. Quand arrive le moment de la végétation, c'est-à-dire à la fin de mai, on choisit à 15 centimètres au-dessus de la greffe deux bourgeons bien disposés, c'est-à-dire un de chaque côté de la tige: ils sont destinés à fournir les deux mères branches que l'on dirigera en forme d'U (*fig.* 2, *pl. VIII*). On redresse ensuite la pointe de ces deux branches dans une position tout à fait verticale, en ayant soin de laisser les extrémités libres, afin qu'elles ne soient pas gênées dans leur développement.

La conduite de l'arbre sera ensuite dirigée d'après les principes que j'ai indiqués pour toutes les autres formes.

L'espacement à observer dans la plantation, toutes les fois que le terrain est de bonne nature, est de 1 mètre de distance entre les sujets, ce qui laisse un intervalle de 50 centimètres entre chaque branche charpentière verticale, espacement suffisant pour le palissage en vert.

Lorsque le terrain est de nature moins favorable à la végétation du pêcher, on peut planter les arbres à 2 mètres de distance les uns des autres, et adopter la forme (*pl. VIII, fig.* 3) que l'on peut désigner sous le nom d'U double. Dans ce cas, les branches charpentières seront également espacées à $0^{m},50$.

277**. Ces deux petites formes faciliteront le succès aux personnes qui voudront forcer les pêchers dans une serre, à condition de choisir pour cet effet les espèces les plus précoces, telles que *mignonne hâtive* et *grosse mignonne ordinaire*.

J'ai planté, il y a quatre ans, dans mon jardin-école, à l'exposition du sud, sur 80 mètres de longueur, des pêchers dirigés en U simple : ils me donnent, chaque année, en moyenne, cent pêches par pied d'arbre; le mur qui les soutient a 3 mètres de hauteur, et à la troisième année de plantation il était parfaitement garni d'arbres en plein rapport.

277***. Je donne la préférence à cette forme sur la forme oblique : car, les branches charpentières se trouvant dans une direction tout à fait verticale, la séve se répartit mieux sur tous les bourgeons; ensuite, si dans une plantation formée un ou plusieurs arbres viennent à mourir, la place qu'ils occupaient sur le mur et qui devient libre n'est point abritée par les branches des arbres survivants et peut profiter de tous les rayons du soleil : on peut donc remplacer les arbres morts par de jeunes sujets sortant de la pépinière; c'est un avantage pour les amateurs, qui n'ont pas toujours sous la main des arbres formés pour remplacer ceux qui viennent à manquer.

Dans la forme oblique, la position inclinée que doit subir chaque arbre occasionne, au moment de la végétation, une perturbation sur l'arête supérieure, lorsqu'on néglige de faire des palissages partiels et souvent réitérés; ensuite, si quelques arbres viennent à mourir et qu'on n'ait, pour les remplacer, que des arbres sortant de la pépinière, la place qu'ils doivent occuper sur le mur étant abritée par les branches des arbres restants, ces jeunes arbres, manquant d'air et de lumière, risquent d'être étouffés, et leur reprise est plus difficile.

277****. Comme je l'ai dit plus haut, la forme en U est plus facile à équilibrer, plus gracieuse à l'œil et d'un plus grand rapport que l'oblique ; elle est due à M. Bodinat, l'un de mes élèves, et maintenant jardinier de madame Dassy à Meaux.

8. *Pêcher en forme oblique ou coup de vent.*

278. Cette forme est simple et facile à établir. Pour l'obtenir, on plante ses sujets de 70 à 80 centimètres environ, selon la hauteur du mur, et on les dresse sur une seule branche, en les inclinant tous du même côté, sur un angle plus ou moins ouvert.

279. Il y a deux manières de former cet espalier. La première, qui a été conseillée par un de nos professeurs arboricoles, et mise souvent en pratique par beaucoup d'amateurs, mais que j'ai reconnue mauvaise, consiste à planter les arbres tels qu'ils sortent de la pépinière, en leur donnant de suite l'inclinaison oblique. L'inconvénient de cette méthode est d'être obligé de placer l'arbre tout près du mur, ce qui gêne les racines et ne leur permet de fournir qu'une nourriture insuffisante au sujet ; en outre, à cause de l'inclinaison de la tige, une partie des racines est dirigée vers la surface du sol ou mise dans une position forcée ; ce qui nuit à leur développement. Ensuite les arbres, ainsi plantés, sont taillés à moitié de la longueur de la pousse de la pépinière ; sur sa partie inférieure il reste de faux rameaux étiolés, et chacun sait que ces productions, dégarnies à leur base, sont toujours mauvaises.

La deuxième méthode diffère de la première en ce qu'au

lieu de conserver la pousse de la pépinière on la rabat, sans donner à la tige la direction oblique. Pour obtenir un pêcher oblique sans l'incliner en le plantant, on rabat la tige à 20 centimètres environ en dessus de la greffe, et on le place dans le trou de manière que cette dernière se trouve à 10 centimètres du mur, que son extrémité vient toucher. On étend bien les racines dans le trou, en les allongeant, autant que possible, du côté de la plate-bande. On a soin, en plantant l'arbre, qu'il ait un œil bien placé du côté où l'on veut former la branche oblique, et on a soin de protéger son développement en pinçant sévèrement tous les bourgeons inutiles. Avec ces soins, l'arbre s'allonge autant, dans la première année, que le premier planté obliquement et taillé très-long. Cette méthode est préférable, parce que le bourgeon obtenu la première année peut être laissé entier et atteindre un développement égal à celui de l'arbre planté selon le premier moyen, avec sa pousse de pépinière. En outre, ce bourgeon est mieux disposé à pousser, son écorce est moins endurcie, et, chaque année, le rameau terminal peut être traité de la même manière. Quelquefois l'œil terminal naturel ne se développe pas, parce qu'il a été éteint par le froid. En pareil cas, on choisit un œil plus inférieur qui pousse mieux pour en faire le prolongement. Lorsque la tige a parcouru l'espace qui lui est assigné, on pratique un rapprochement sur un rameau inférieur convenablement disposé pour reformer une pointe, et ainsi de suite chaque année ; c'est le moyen employé dans d'autres formes.

Pour commencer et terminer l'espalier, on plante de même deux arbres rabattus à 16 centimètres. On établit la branche mère avec le premier bourgeon, sur lequel on obtient ensuite les branches sous-mères, en favorisant le développement des yeux à une distance égale à celle de la séparation des pêchers.

Quant à l'inclinaison, rien n'est déterminé ; on abaisse

les pêchers jusqu'à ce qu'il ne reste entre eux qu'une distance de 50 centimètres, nécessaire pour faire le palissage en vert. Un espalier de pêchers obliques garnit rapidement un mur, sa production est abondante parce que les arbres sont rapprochés; il permet de réunir sur un petit emplacement un grand nombre de variétés. Je conseille cette forme dans les jardins où les murs sont en pente comme on le voit dans certaines localités, et pour les terrains de qualité inférieure dans lesquels le pêcher pousse peu, en ayant soin, dans ce cas, d'espacer les arbres à 1 mètre. Elle est utile dans les endroits où il y a eu des pêchers, parce qu'ils ne peuvent jamais atteindre un grand développement; mais elle ne convient point dans les terrains plats et neufs, où les pêchers poussent beaucoup.

9. *Pêcher formé en candélabre.*

280. Lors de la formation de mes pêchers sous la forme carrée, bon nombre de cultivateurs, d'ailleurs fort intelligents, se récrièrent vivement en me voyant prendre mes six branches supérieures, toutes à la fois, à la cinquième ou sixième taille. Des prédictions d'un triste augure furent prodiguées sur le sort futur de mes arbres, qui, selon eux, devaient tous périr, ruinés dans leur charpente inférieure par les bouches aspirantes que j'ouvrais simultanément, et si inconsidérément, à une séve fougueuse qui ne devait pas manquer de s'y porter exclusivement. Malgré ma conviction que ces prédictions ne se réaliseraient pas, il y avait lieu d'éprouver quelque inquiétude; mais je fus bientôt rassuré par la végétation de mes arbres et l'efficacité des moyens que j'employais pour la conservation des branches inférieures, de laquelle dépendait leur plus longue durée. Dans cette circonstance, je jugeai qu'il pouvait être important de prouver a certitude de mon procédé pour la taille des branches supérieures, en formant un pêcher où elles se trouveraient multipliées en plus grand nombre possible. C'est à cette pensée qu'est dû l'arbre représenté *pl. V, fig.* 3, et auquel, dans une visite, les membres de la commission envoyée par la Société d'horticulture de Paris donnèrent le nom de forme en *candélabre*, par imitation d'une ancienne forme appliquée, sous ce nom, à quelques arbres à fruit à pepins.

281. L'arbre que j'avais formé alors, et qui existe encore, diffère de celui que représente cette figure, parce qu'il n'a qu'une mère branche de chaque côté surmontée de sept branches verticales supérieures encadrées par le sommet relevé perpendiculairement de chaque branche mère. J'avais formé une sous-mère sous celle-ci, mais je l'ai supprimée depuis. Il occupe un espace de 14 mètres.

282. Le pêcher que représente la *fig.* 3, *pl. V*, est à l'exposition de l'est. Je le disposai d'abord en V ouvert, par la formation de deux branches mères A, prises sur la greffe comme pour la forme carrée à 30 centimètres de terre environ. J'en surveillai le développement parallèle, en me contentant, chaque année, de tailler les petites branches. A la seconde année, j'ai formé la branche secondaire B, dont j'ai conduit le développement de la même manière et en le maintenant égal au moins à celui de la branche mère. Au palissage de chaque année, j'avais soin d'abaisser toutes ces branches pour les amener à les palisser horizontalement, et j'ai fini par allonger les deux sous-mères plus que les deux mères. Lorsque la longueur a été atteinte, j'ai redressé les quatre pointes verticalement, de façon à ce que celles des deux branches mères fussent encadrées par les deux autres.

283. Cette étendue de 14 mètres a été atteinte à la sixième année ; pendant la septième année, j'ai laissé se développer verticalement les pointes de ces quatre branches.

284. A la huitième année, lorsque j'ai jugé que les deux branches mères A et leur secondaire inférieure étaient fortement constituées, j'ai formé, sur les deux premières, sept branches supérieures également espacées entre elles ; ces branches ont été créées toutes à la fois par les moyens indiqués pour l'espalier carré (173 et 177).

285. Dès lors cette forme est complète. On voit qu'un tel arbre se compose de deux branches mères A, *pl.* V, *fig.* 3, d'une secondaire inférieure B sous chacune, dont le sommet redressé les encadre, et de douze branches supérieures secondaires C, six sur chaque mère branche. Je crois avoir prouvé, en formant des pêchers de cette façon, qui comptent dix-sept et dix-huit ans, que je ne craignais pas d'être dominé par les branches supérieures, et qu'on pouvait avoir confiance dans ma méthode de former un arbre carré, puisque là chaque aile n'a que trois branches supérieures sur chaque mère branche, ou quatre au plus.

10. *Pêcher le Napoléon.*

286. Le pêcher qui figure aujourd'hui sous le nom de Napoléon n'était pas disposé pour cela ; il était formé en candélabre de 7 mètres d'envergure, ayant douze branches placées verticalement. Ces branches étaient courbées, chacune, au haut du mur, greffées en approche les unes sur les autres, et formaient un cordon dans la longueur de l'arbre, à 25 centimètres du chaperon, lorsque M. Simon, amateur distingué, à Crécy-sur-Brie, m'a soumis ce plan. Parmi tous mes pêchers, celui-ci fut celui que je trouvai le mieux disposé pour arriver promptement au but que je me proposais. C'était au mois de mai 1854 ; je dépalissai l'arbre entièrement, et traçai sur le mur les lettres nécessaires. Alors je repalissai l'arbre et protégeai, pendant la végétation, les bourgeons nécessaires pour faire, plus tard, les jambages des lettres.

287. Au commencement de la végétation de 1855, j'ai

fait les suppressions sur toutes les branches inutiles; ce qui a eu lieu par petite partie et s'est continué jusqu'à la fin de juillet. Il y avait trois branches verticales à supprimer entièrement, et quatre autres qu'il fallait couper en haut, parce qu'elles devaient être penchées plus ou moins, selon la place qu'elles occupaient et la forme qu'elles devaient avoir. Il fallait agir avec beaucoup de prudence, tant pour le sevrage que pour les suppressions, et ne les faire que partiellement, afin de ne pas donner de secousse à la séve et de ne rien désorganiser dans la végétation. Les nouvelles branches nécessaires à la formation des lettres ont pris de la force petit à petit, et, le 1er août 1855, le nom de Napoléon était écrit, dans mon pêcher, avec des lettres de 85 centimètres de haut sur 55 centimètres de large, et le nom se trouvait encadré; car chaque branche verticale ayant son extrémité greffée en approche, comme je viens de le dire, lorsque j'ai supprimé ou coupé du haut celles qui devaient l'être, je faisais l'opération au-dessous des greffes, en mettant de suite de la cire à greffer sur toutes les plaies, afin de n'éprouver aucune déperdition de séve. Maintenant toutes ces extrémités greffées se nourrissent les unes par les autres, et forment un encadrement parfait en laissant une distance large de 25 centimètres, dénudée de bourgeons et coursons tout autour du nom; de cette manière, celui-ci se trouve entièrement détaché.

287 *bis*. Si l'on se disposait à faire un travail de ce genre, il faudrait élever l'arbre comme pour faire un candélabre. Lorsque chaque point des branches mères aurait atteint le chaperon du mur de chaque bout, on laisserait développer à l'intérieur la quantité de bourgeons nécessaires à la formation des lettres; et, lorsque les lettres seraient formées, l'extrémité de chacune devrait constituer l'encadrement supérieur, en ayant soin de supprimer les bourgeons au-dessus des lettres et en dessous, afin que le nom se dessinât mieux.

288. Je ne dirai rien des diverses autres formes auxquelles on a soumis le pêcher en espalier, ni des nouvelles méthodes qu'on a cherché à faire prévaloir. Sans prétendre approuver ni condamner, je crois être en droit d'affirmer qu'aucune ne présente au coup d'œil un aspect plus régulier, ne donne les moyens d'avoir une plus grande étendue à garnir de petites branches, et conséquemment n'assure une récolte en fruits plus considérable, que les formes carrée et en palmette, ainsi que je les ai décrites. Je puis ajouter aussi qu'aucun auteur, même parmi ceux qu'on vante le plus, n'a donné une explication suffisante du traitement des petites branches. Au reste, je répète que le pêcher, confié à des mains habiles, peut prendre à peu près toutes les formes que l'on désire. Les personnes qui voudront bien se donner la peine d'appliquer avec intelligence les principes que j'ai développés obtiendront, je l'espère, un succès satisfaisant; car il ne faut pas perdre de vue que, quelle que soit la charpente qu'on donne à un pêcher, ma manière de traiter la petite branche, point fondamental, puisqu'il assure la production du fruit, doit être constamment suivie avec scrupule. Pour peu qu'on réfléchisse, on reconnaîtra sans peine que l'équilibre de végétation a une garantie assurée dans l'existence des petites branches régulièrement espacées sur les branches de la charpente où elles entretiennent la vie par leurs productions vertes qui y appellent la séve, en même temps qu'elles fournissent une grande quantité de pêches : on peut estimer annuellement le nombre de celles-ci à quatre ou cinq cents par arbre en espalier sous l'une de ces deux formes, ce qui ne me paraît pas du tout à dédaigner.

SECTION VIIe. — EXPLICATIONS COMPLÉMENTAIRES.

1. *De quelques cas particuliers et accidents qui se présentent dans la taille des pêchers et en contrarient la formation.*

289. Dans les explications que j'ai données pour arriver à la formation du pêcher carré, j'ai à peu près supposé toutes les circonstances favorables ; malheureusement il n'en est pas toujours ainsi : il est donc utile d'ajouter encore quelques détails relatifs à divers cas particuliers qui se présentent parfois dans la taille des branches à fruit et à bois. Commençons par les premières :

290. Lorsque, dans les dessous, on a taillé une petite branche sur son rameau de remplacement, et que celui-ci est faible, il est bien de le laisser sans attache pendant quelques jours pour qu'il se fortifie.

291. Dans les dessus, lorsqu'on a le choix, il faut toujours prendre le rameau de remplacement en dessous, parce qu'il est ordinairement le plus faible. Aussitôt qu'il est taillé, on le palisse en le gênant s'il est nécessaire, ou pour le maintenir seulement, s'il n'a qu'une vigueur modérée.

292. Quand l'œil inférieur du rameau de remplacement se trouve plus éloigné de l'arête de la branche que celui de la petite branche qui devrait être supprimée, il faut sacrifier le rameau de remplacement, et tailler la branche fruitière assez long pour avoir des fleurs, et au-dessus d'un œil dormant.

293. Quand deux rameaux de force inégale peuvent à la fois remplacer une branche à fruit, il faut préférer le plus faible, pourvu qu'il ne soit pas trop éloigné, au plus vigoureux, quand même il serait plus rapproché. On pourrait, en pareil cas, tailler en crochet. Pour cela, le rameau mixte le plus faible est taillé au-dessus du premier œil à bois qui se

trouve précédé de deux ou trois boutons à fleur; l'autre rameau, plus fort, est taillé sur quatre ou cinq yeux, pour laisser suffisamment d'issue à la séve qui s'y porte; mais on le maintient par un palissage serré et par le pincement lorsqu'il en est besoin, et toujours dans le but de favoriser à sa base le développement d'un bourgeon qui deviendra, à la taille suivante, le rameau de remplacement.

294. Lorsque deux rameaux mixtes d'égale force sont, comme dans le cas précédent, susceptibles de devenir branches de remplacement, je les taille l'un et l'autre pour avoir du fruit, lorsqu'ils se trouvent dans les dessus, parce qu'il n'y a jamais d'inconvénient, dans cette position, de laisser beaucoup de fruit. Pour cela, je taille le mieux disposé pour le remplacement sur un œil de pousse au-dessus de deux ou trois fleurs, et je laisse sur l'autre le plus de fruit possible, c'est-à-dire que je le taille en toute perte, me proposant de le supprimer après la récolte. Il est bien entendu que, dans les deux cas qui précèdent, le pincement des productions vertes qui se forment sur ces parties, et quelquefois l'ébourgeonnement, ont toujours pour but la conservation du bourgeon le plus rapproché de la branche charpentière, pour en faire, à la taille suivante, le rameau de remplacement.

295. On a vu (167) qu'en laissant une trop grande quantité de fruit sur une partie forte on en diminuait la vigueur, d'où il suit qu'il est utile d'en laisser moins sur les branches des dessous que sur celles des dessus, quoique les premières donnent beaucoup plus de fleurs; ainsi donc, quand la nature a fait ses suppressions et qu'il y a encore trop de fruit, c'est presque exclusivement sur les branches des dessous qu'il faut en ôter.

296. Sur les jeunes pêchers, qui sont ordinairement très-vigoureux, il faut conserver tous les rameaux mixtes qui s'y forment, et les convertir, par la taille, en branches à fruit, ce qui offre le double avantage de récolter plus tôt les pêches

et d'arriver plus vite à dompter la fougue de la végétation.

297. Quand on transplante un pêcher dont la formation est déjà commencée et qui a reçu quelques tailles, on rabat toutes les branches fruitières sur le bourgeon le plus rapproché de la charpente, et on le taille à deux yeux. Comme il n'y a point à espérer de fruit dans l'année de la transplantation, il vaut mieux favoriser la reprise de l'arbre que d'employer une somme quelconque de séve à l'alimentation de fleurs ou de fruits incertains.

298. Passons maintenant aux observations relatives aux branches à bois. Il arrive que, par maladie, coup de soleil, coup de vent, ou toute autre cause imprévue, la pointe d'une branche à bois vient à être perdue. On taille la partie morte ou brisée sur un œil dormant vigoureux placé en avant, et que ce rapprochement, dont la coupe doit être bien nette, ne manque pas de faire développer. On attache le bourgeon qui en résulte aussi verticalement qu'on le peut, sans cependant lui faire prendre à sa base une mauvaise forme qu'il serait peut être difficile de faire disparaître lorsqu'il s'agirait de le dresser, et on lui laisse, dans ses attaches, autant de liberté que le permet la prudence, pour qu'il ne soit pas rompu par un coup de vent. On combine le palissage, l'ébourgeonnement et le pincement de toutes les autres parties de l'arbre de façon à maintenir leur développement dans des proportions un peu plus restreintes. On pince les redrugeons qui percent sur la nouvelle pointe à huit ou dix feuilles pour que le bourgeon terminal puisse s'allonger davantage; et souvent même, à la fin de la saison, il a acquis une longueur suffisante pour figurer la branche qu'il est appelé à remplacer. Lorsque cette circonstance se réalise avant la suspension de la végétation, il est bon de ramener cette pointe, encore flexible à cause de la séve qui l'imbibe, à une position plus horizontale.

299. Si, au contraire, à la taille suivante, elle n'a pas

encore pris un développement assez grand, on taille seulement les faux rameaux latéraux pour former de la petite branche, et on palisse cette pointe librement sans l'incliner encore. On attend, pour cela, que la séve ait repris son cours, et, lorsqu'elle a rempli tous les vaisseaux, on abaisse peu à peu cette branche jusqu'à ce qu'elle occupe la place qu'exige la symétrie de l'arbre.

300. On conçoit qu'on peut encore reformer la pointe d'une branche en la rabattant sur un rameau et même sur une branche à fruit.

301. Lorsqu'une végétation vigoureuse a fait redrugeonner tous les yeux de la pointe d'une branche charpentière, on peut prévoir qu'à la taille suivante on ne trouvera pas, à la place convenable, un œil sur lequel on puisse tailler pour obtenir son prolongement. En pareil cas, on pose en août (ou en septembre, si l'arbre est vigoureux), entre deux redrugeons, et au point qui convient, une greffe en écusson à œil dormant. C'est sur cet œil qu'on rabat la branche à la taille d'hiver, qu'il faut retarder jusqu'à ce que les yeux placés plus haut que lui ne soient ouverts et y aient appelé assez de séve pour provoquer son développement. Si on n'a pas greffé, on taille sur un faux bourgeon qu'on redresse par le palissage et qui constitue une nouvelle pointe. La greffe peut être aussi employée dans la formation d'une branche secondaire, si, à la place où elle devait être créée, la branche mère n'avait ni un œil de prolongement en dessus, ni en dessous un bouton pour la formation de la branche secondaire. Au moyen de deux greffes en écusson placées l'une en avant et l'autre en dessous, un peu plus bas, on remédierait à cet inconvénient, qu'il est rare, au reste, de rencontrer aussi grave. On peut activer la croissance des greffes, comme celle des faux rameaux (166).

302. Lorsqu'une branche secondaire inférieure n'a végété que faiblement pendant l'année de sa formation, et qu'à la

taille suivante elle n'a pas pris le développement convenable, il ne faut pas alors former une nouvelle branche secondaire plus haut, mais tailler court la branche mère, et allonger cette branche secondaire faible. Si le bourgeon terminal de la branche mère croît fortement et menace de devenir encore prédominant, il faut le courber ou l'arquer pendant huit jours, pour rappeler la séve dans la branche du dessous. Si, sur l'aile correspondante, la branche parallèle a toutes les conditions de vigueur qu'on désire, il faut maintenir cette partie par les moyens indiqués (163 à 168). L'année suivante, lorsque l'équilibre est rétabli, on allonge la taille de la branche mère, et en même temps on forme une nouvelle secondaire supérieure, s'il y a lieu.

303. Quand on transplante un pêcher déjà formé, il ne faut point rapprocher ses branches sur le vieux bois, mais tailler court sur le bois de la dernière pousse, dont il faut toujours conserver une portion plus ou moins longue.

304. J'ai dit que sur les pêchers bien conduits il ne devait jamais y avoir de gourmands ; mais on peut être appelé à tailler des arbres sur lesquels la végétation mal équilibrée en a fait naître. Comme il est ordinaire, en pareil cas, que les arêtes soient peu garnies de petites branches à fruit, il faut chercher à utiliser ces gourmands en leur en faisant produire. Pour cela il faut les tailler très-longs, afin de modérer leur vigueur par la quantité d'yeux qu'on leur laisse, et on parvient ainsi à les mettre à fruit. Il faut, toutefois, lorsqu'ils ont des yeux triples à leur sommet, ne laisser, comme je l'ai déjà dit, que le plus faible des trois, et supprimer les deux autres. Le pincement doit aussi aider à empêcher l'extinction des yeux dormants de la base.

2. *Des moyens de prolonger la durée des vieux pêchers et de rétablir des pêchers mal conduits.*

305. Lorsqu'un pêcher soumis à une taille intelligente et

conduite avec soin a parcouru à peu près la période d'années qui lui est accordée pour son existence, la séve finit par abandonner quelques parties de sa charpente ; peu à peu un dépérissement général s'empare de lui, et la mort arrive pas à pas. Dans une telle circonstance, que l'âge et l'épuisement du sol rendent naturelle, il est inutile de chercher à rajeunir l'arbre, qui ne pourrait plus trouver dans le terrain et dans ses propres forces les moyens d'aspirer une séve suffisante pour alimenter pendant plusieurs années les nouvelles productions qu'on le forcerait à créer. Il n'y a pas d'autres moyens alors que de s'efforcer de le faire durer aussi longtemps qu'il donnera une suffisante quantité de fruits de bonne qualité, en le débarrassant de tout le bois mort, et en refoulant la séve dans les parties vivantes pour en prolonger la vigueur, sans chercher à conserver une régularité de forme qu'il n'est plus au pouvoir de l'art de maintenir, car tout finit avec le temps. On l'arrache ensuite et on le remplace.

306. Toutefois il est bon de faire remarquer que, lorsqu'il s'agit de planter un pêcher à la place d'un autre, il faut renouveler la terre, en enlevant à la plus grande profondeur possible (1 mètre) celle qui se trouve épuisée et sur une longueur de 2 mètres au moins, et la remplaçant par de la terre meuble convenablement amendée et fumée. L'ancienne terre contient des éléments mortels pour le nouveau pêcher. On peut aussi, dans une pareille circonstance, remplacer le sujet arraché par un pêcher déjà formé. Les arbres qui ont reçu deux tailles peuvent très-bien être transplantés. C'est pourquoi, j'ai, autant que je le peux, à la disposition des propriétaires, des arbres plus ou moins formés.

307. Mais il n'en est pas ainsi lorsqu'un pêcher mal dirigé, ou sur lequel les opérations ont mal réussi, est devenu déformé avant le temps. Ici il y a utilité à remédier. Il n'est pas possible de prévoir toutes les circonstances qui peuvent

se présenter; c'est à l'intelligence du tailleur d'arbres à tirer parti de toutes celles qui sont favorables. C'est toujours, au reste, par un ravalement raisonné qu'on y parvient. Bien entendu, il faut le réduire aux parties qu'il est indispensable d'amputer, et asseoir les coupes au-dessus des productions vivaces qui peuvent encore exister, et que l'on utilise selon le parti qu'on peut en tirer. En pareil cas, les gourmands, s'il en existe, ce qui ordinairement n'est pas rare, peuvent être employés avec quelque succès (304). Il ne faut pas négliger non plus de favoriser, par tous les moyens possibles, le développement des yeux et bourgeons que la séve refoulée fait produire, et qui, bien dirigés, offrent des ressources pour remplacer les parties supprimées.

308. Enfin, si toutes les branches d'un pêcher jeune encore ne végètent plus qu'à leur sommet, tandis que sur toute leur longueur elles sont entièrement nues, il n'y a pas à hésiter, il faut ou le laisser s'user ainsi, ou rabattre chaque aile jusque sur le tronc qu'a formé la greffe. Ce refoulement de séve peut faire sortir quelques yeux sur la partie conservée, et dans ce cas l'on choisit parmi eux ceux qui sont le mieux disposés pour former deux branches mères. Si cela peut être obtenu, le reste va tout seul; il faut avoir soin d'allonger la taille le plus possible, pour ouvrir promptement des issues à la séve, qui, sans cela, pourrait occasionner de graves désordres. On rétablit la charpente en profitant des pousses qui sortent sur chaque branche mère, et on se rappelle qu'il est de la plus grande importance de bien constituer les branches secondaires inférieures avant de former les supérieures. Sans doute on ne peut pas affirmer qu'on réussira toujours; mais, en pareil cas, il n'y a pas autre chose à faire. Il m'est permis, d'ailleurs, de donner un tel conseil, puisque déjà, plusieurs fois, j'ai réussi à reformer, par ce moyen, des pêchers au moins aussi malades que celui dont je viens de parler. (*Note X.*)

309. Toutes les amputations seront faites avec assez de soin pour que l'aire de la coupe soit parfaitement nette, et qu'à son pourtour l'écorce ne soit pas déchirée, et on y joindra la précaution de recouvrir les plaies avec de l'onguent de Saint-Fiacre, ou mieux avec de la cire à greffer, pour les garantir du contact de l'air et de la pluie (70).

3. *Soins de culture à donner aux pêchers.*

310. Il ne suffit pas de tailler avec art le pêcher et d'exercer sur sa végétation une surveillance continuelle, il faut encore, pour soutenir sa vigueur, l'entourer de quelques soins moins directs, mais qui ont une influence importante sur sa santé.

311. Parmi eux, je citerai en premier lieu les labours, ou plutôt les binages faits au pied des pêchers, et qui ont un effet très-favorable. A Montreuil, nous nommons cette opération *béquillage*, et nous la pratiquons au printemps, immédiatement après le palissage en sec. Nous la faisons à l'aide d'un crochet à deux dents, avec lequel on remue suffisamment la surface de la terre, pour la rendre plus perméable aux influences atmosphériques et à l'eau des pluies. Cet instrument n'a pas le danger de couper les racines, comme cela pourrait arriver, si on se servait d'une bêche. Il serait utile et profitable aux arbres de faire plusieurs binages, et, partout où on a du temps, on fera bien d'en donner un au printemps, un après le palissage d'été, et le dernier dans les premiers jours d'août. Ces binages ou béquillages entretiennent la terre fraîche et ouverte, et la débarrassent des mauvaises herbes.

312. Tous les deux ans nous étendons au pied des arbres une couche d'engrais; c'est ordinairement de la gadoue dont nous faisons usage. Cette fumure se fait à l'automne, et n'est mêlée à la terre qu'après le béquillage du printemps,

ce qui en rend l'action moins vive. Dans les localités où on n'a point de gadoue, on peut utiliser toutes les espèces d'engrais dont on dispose, avec la seule attention, lorsqu'ils sont très-actifs, de les étendre à l'automne et de ne les mêler à la terre que par le binage du printemps ; ceux dont l'action est lente peuvent être enterrés immédiatement.

313. On doit, le moins possible, cultiver d'autres plantes sous les pêchers, surtout de celles qui s'élèvent, parce que, outre qu'elles consomment une partie des sucs nutritifs de la terre, elles privent les parties basses de l'arbre d'air et de lumière, agents précieux pour l'entretien de leur végétation. Il est bon, toutefois, de planter quelques salades, et notamment des romaines, sur le bord de la plate-bande, parce qu'elles peuvent préserver les pêchers de l'atteinte des vers blancs, qui iront à elles de préférence.

314. Par un temps très-sec, et dans les terres creuses et chaudes, il est utile d'arroser les arbres en versant de l'eau sur la terre qui entoure leur pied, que l'on fait bien de couvrir d'un paillis qui conserve la fraîcheur. Mais, si l'on a intention d'arroser, il ne faut pas attendre que l'arbre en annonce le besoin par l'état de ses feuilles, parce qu'alors l'eau versée en abondance pourrait occasionner aux racines un malaise dont l'arbre se sentirait longtemps. Il vaut mieux, en pareil cas, commencer par arroser les feuilles à l'aide d'une pompe à main terminée par une pomme à trous très-fins, et qui leur porte l'eau en pluie douce. Ces arrosements, qui doivent se faire le soir, ont une influence très-favorable, et éloignent, d'ailleurs, les insectes, qui attaquent le pêcher de préférence pendant les grandes chaleurs et les sécheresses. Lorsque l'on a deux ou trois fois répandu des bassinages sur les feuilles, on peut verser autour de l'arbre un ou deux arrosoirs d'eau sans crainte.

315. Pendant le palissage d'été, on retranche les fruits qui, trop serrés ou mal placés, se nuiraient les uns aux

autres, et qui arriveraient à une maturité imparfaite (143 à 145).

316. J'ai parlé de l'effeuillement et j'en ai dit assez pour faire connaître que le but de cette opération est de favoriser la maturité et la coloration des pêches, et qu'elle doit être faite dans des proportions différentes selon l'état de l'atmosphère et la température régnante.

317. On reconnaît la maturité des pêches à la couleur jaune que prend la peau du côté de l'ombre. Il faut bien se garder de s'en assurer par le toucher, car la moindre pression fait une tache sur le fruit. Pour le cueillir, on le saisit avec précaution, et il doit rester dans la main sans le moindre effort. A Montreuil, où nous cueillons pour la vente, nous détachons les fruits en les tournant un peu avec la main, parce que nous les prenons un jour ou deux avant leur maturité complète. Nous nous servons, pour la cueillette, de paniers plats, longs de 65 centimètres sur 48 de largeur, et dont les bords ont 25 centimètres d'élévation, parce qu'on y met trois rangs de pêches. On garnit le fond du panier d'un morceau de drap plié en deux, ou d'une tapisserie, et on y dépose les pêches une à une, en les enveloppant d'une feuille de vigne exempte d'humidité. Il faut manier le moins possible ce fruit délicat. On brosse avec précaution les pêches qui ont du duvet. Dans les maisons particulières, on doit cueillir à maturité complète, et débarrasser également les fruits du duvet, qui est désagréable à la bouche, et peut y occasionner des démangeaisons, comme il en cause aux personnes qui s'occupent de les brosser.

SECTION VIIIe. — Des maladies, accidents, insectes et animaux qui nuisent au pêcher.

1. *Maladies.*

318. *De la cloque.* — Cette maladie, qui exerce de grands

ravages sur les pêchers, attaque les bourgeons et les feuilles naissantes. Elle s'annonce sur ces parties, d'abord par un point rouge-brun presque imperceptible. Cette tache augmente peu à peu ; les feuilles prennent une teinte jaunâtre, se boursouflent et se crispent, et tombent enfin lorsqu'elles sont à peu près couvertes par cette tache de rouille. Les bourgeons que la cloque atteint se tuméfient, la séve cesse de s'y porter, la rouille descend et se propage, et ils meurent dans un état de desséchement presque complet. (*Note XI.*)

319. Cette maladie paraît avoir pour cause principale les brusques variations de la température, accompagnées de pluie froide et de vents arides ; aussi se montre-t-elle abondamment dans les printemps froids et humides : on peut donc la considérer comme une suppression de transpiration. On sait que les feuilles se développent au printemps sous l'influence d'une douce chaleur. Si, pendant ce travail, il survient une brusque variation dans la température qui s'abaisse fortement, il en résulte, dans ces organes, une contraction subite qui s'oppose à l'ascension de la séve. Si le froid continue, les feuilles se crispent et prennent la teinte de rouille qui les couvre toutes à l'automne, lorsque le fluide séveux se concrète et cesse d'arriver jusqu'à elles. Si le mauvais temps dure très-peu et se trouve subitement remplacé par une température chaude, la contraction dont je viens de parler ne cesse pas assez vite pour suffire à l'affluence de la séve vivement excitée, et il en résulte le déchirement des fibres et la destruction des feuilles. L'influence d'un temps froid, en pareille circonstance, est encore augmentée, s'il survient une pluie qu'un vent fort pousse violemment sur les feuilles.

320. On conçoit, par ce qui précède, de quelle importance sont les paillassons et les auvents comme moyen préservatif ; aussi les personnes que la dépense n'arrête pas agiront sagement en en mettant à toutes les expositions, car sous notre climat variable les pluies, au printemps, viennent de toutes les directions.

321. Quand la cloque se montre sur un pêcher, il ne faut pas la laisser *mûrir*, selon l'expression de quelques cultivateurs, c'est-à-dire attendre que les feuilles boursouflées et moisies tombent d'elles-mêmes. On doit, au contraire, s'empresser de retrancher tout ou partie des feuilles et des bourgeons qui en sont attaqués, et rabattre jusqu'au-dessous du mal. Ces diverses opérations, qui doivent être faites selon les principes que j'ai posés, ont pour effet d'empêcher la propagation de la cloque et de couper court au désordre qui peut résulter des obstacles qu'elle apporte à la circulation de la séve. De cette façon, on sauve tout ce qui peut être conservé, on sacrifie sans hésitation tout ce qui ne peut l'être sans courir la chance de compromettre quelques ressources précieuses, et on concentre la séve dans les parties saines qui se fortifient de toute celle que les parties malades auraient consommée avant de périr.

322. *De la gomme ou glu.* — La gomme à laquelle les pêchers sont très-sujets est une extravasation des sucs propres qui s'amassent dans de certaines parties, forment des dépôts entre l'écorce et le bois, s'y coagulent et occasionnent la désorganisation de ces parties, lorsque l'écorce ne se fend pas pour livrer un passage au dehors. Une végétation trop fougueuse, produite par un excès d'engrais, ou toute autre cause, amène accidentellement cette maladie : en pareil cas, on parvient assez facilement à s'en débarrasser, mais elle est quelquefois organique, et alors elle offre plus de rébellion aux moyens curatifs.

323. Elle se manifeste au printemps, époque où l'activité de la végétation est plus grande. Elle commence par attaquer les jeunes bourgeons et les pousses de l'année précédente, et enfin les branches à bois, surtout celles taillées avec le

sécateur. Quelquefois la gomme s'ouvre d'elle-même un passage à travers l'écorce ; d'autres fois elle produit un gonflement qui soulève celle-ci sans la déchirer. Dans l'un et l'autre cas, il faut, aussitôt qu'on s'en aperçoit, attaquer le mal avec la serpette et enlever la gomme partout où elle se trouve, en taillant jusqu'au vif toutes les parties qui en sont affectées ; après qu'on a ainsi nettoyé la branche ou le rameau, on enveloppe de cire à greffer la portion saine qu'on a conservée, et la végétation rétablit le plus souvent le liber et l'écorce qu'on a détruits. En général, en surveillant soigneusement ses pêchers, et attaquant le mal dès qu'il se montre, on parvient aisément à s'en débarrasser. On peut même le prévenir par des incisions longitudinales faites sur les branches grêles, dont l'écorce sèche se refuse à la moindre dilatation. En l'incisant jusqu'au liber, elle se prête plus facilement au passage du fluide séveux, qui n'a pas le temps de s'y coaguler. Il m'est arrivé d'être obligé, sur de grosses branches, d'entailler de façon qu'il ne restait plus qu'une portion de la branche, à peine épaisse de 4 à 5 millimètres, munie de son écorce, et cependant j'ai réussi à les guérir et à les conserver. Mais lorsque la gomme a vicié entièrement une branche jusqu'à la moelle, qu'elle n'attaque jamais, c'est-à-dire lorsque non-seulement l'écorce, mais encore l'aubier, sont affectés tout autour, il n'y a pas à hésiter, il faut l'amputer au-dessous du mal, et la remplacer par les moyens que j'ai indiqués (296 à 298).

324. *Du blanc, meunier ou lèpre.* — C'est une espèce de moisissure blanchâtre qui commence à se montrer à l'extrémité des pousses, gagne bientôt les rameaux et les petites branches, et attaque quelquefois les fruits, auxquels elle cause des taches qui les rendent amers. Les pêchers exposés à l'est sont les plus sujets à cette maladie ; les parties qui en sont attaquées exhalent une mauvaise odeur et se dessèchent, et, comme cette maladie se propage facilement, tout

l'arbre en serait bientôt la proie, si on ne se hâtait d'y porter remède. On prétend qu'elle est le résultat du développement d'une espèce de champignon.

325. Le soir, par un temps calme, au coucher du soleil, on y saupoudre de la fleur de soufre à la main ou avec un soufflet; on renouvelle cette opération tous les huit jours, s'il en reparaît.

326. Le blanc se déclare ordinairement dans le mois de juin et se propage jusqu'en août. La langueur qu'il communique au pêcher est souvent cause qu'à la séve d'août la végétation se réveille avec une telle vigueur, qu'elle fait ouvrir tous les yeux qui ne devaient se développer qu'au printemps suivant. Il en résulte qu'à cette époque on ne trouverait, pour prolonger les branches à bois, que des redrugeons incapables de fournir des pousses vigoureuses propres à remplir ce but. C'est dans un cas semblable que je pose, où cela est nécessaire, un écusson à œil dormant (299).

327. On a prétendu que cette maladie était incurable, et qu'une fois qu'elle avait attaqué un pêcher elle reparaissait tous les ans, jusqu'à ce qu'elle eût entraîné la perte de l'arbre. Mais il n'en est rien, car nous voyons souvent des pêchers qui, l'année précédente, étaient tout blancs par les effets de cette maladie jouir d'une végétation magnifique et n'avoir aucune trace de ce mal.

328. *Du rouge.* — Le rouge est une affection particulière au pêcher. Il s'annonce sur le jeune bois par une teinte rougeâtre qui augmente progressivement d'intensité et entraîne la mort du sujet en trois ou quatre ans. Il paraît être organique, puisqu'on voit des pêchers rouges en pépinière, et que, bien entendu, il faut se garder de planter. Je ne connais aucun moyen de le guérir. Quelques cultivateurs prétendent que le rouge attaque seulement les pêchers qui sont greffés sur amandier à coque tendre. Je ne saurais dire si le fait est vrai, mais c'est toujours une raison

de plus de ne greffer, ainsi que je l'ai indiqué, que sur l'amandier à coque dure. On prétend guérir cette maladie en transplantant le pêcher dans un sol très-favorable et richement amendé, et en rafraîchissant fortement les racines.

2. *Accidents.*

329. *De la gelée.* — Lorsqu'une gelée tardive de printemps saisit les fleurs et les jeunes pousses des pêchers, tout espoir de conservation n'est pas perdu, si on s'en aperçoit assez à temps pour empêcher que le soleil levant ne vienne les frapper avant qu'elles soient dégelées, et n'en achève la désorganisation. Le premier soin à prendre est de les garantir de ses rayons au moyen de toiles ou de paillassons, afin de leur donner le temps de dégeler lentement. Cet accident, qui est surtout à craindre à l'exposition de l'est, n'a pas de suite fâcheuse, si on peut empêcher l'action solaire; c'est pourquoi on fait bien, toutes les fois que le temps est menaçant, de couvrir le mieux possible, par les moyens dont on dispose, les pêchers ainsi exposés, pour les préserver d'abord de l'action du froid, et, s'ils en sont atteints, de l'influence désorganisatrice des rayons du soleil, qui, en les faisant dégeler trop subitement, noircissent les fleurs et détruisent, en une matinée, l'espoir de la récolte. Au surplus, on remarquera que les gelées qui ont lieu par un temps sec n'ont presque jamais de suites désagréables; il n'en est pas de même de celles qui surviennent après des giboulées ou des brouillards humides qui couvrent de givre les productions herbacées du pêcher.

330. Il faut aussi avoir l'attention, quand on a couvert avec des toiles ou des paillassons, de découvrir pendant le jour, lorsqu'il fait beau, et de recouvrir le soir, afin de préserver les arbres d'une gelée inattendue. Ces soins sont indis-

pensables avec des abris en paillassons, car l'air et la lumière n'y circulant que très-peu, les fleurs et les jeunes pousses s'étiolent, et les fleurs tombent souvent sans nouer. Lorsqu'on adopte des abris en toiles claires, telles que celles qu'emploient les tapissiers pour coller les papiers de tenture, on peut les laisser constamment sur les arbres, jusqu'à l'époque où les froids ne sont plus à redouter; car l'air et la lumière nécessaires à la fructification peuvent pénétrer suffisamment ces toiles.

Il est encore très-prudent, dans le système qu'on adopte pour couvrir, de prendre garde aux coups de vent qui, chassant violemment la couverture sur les arbres, peuvent, en un instant, détruire toutes les fleurs.

3. *Insectes et animaux nuisibles.*

331. *Kermès, cochenille, gallinsecte.* — Ce sont des insectes auxquels, à Montreuil, nous donnons le nom de *punaise.* Ils ont le corps ovale, aplati, et s'appliquent sur l'écorce des bourgeons et rameaux et sur les feuilles. Ces insectes vivent aux dépens de la végétation, et, lorsqu'ils sont en grand nombre, ils occasionnent des désordres sur les arbres : ce qui nuit à la fructification. Ils apparaissent sous la forme de points blancs dès la mi-juin, sous les feuilles, où ils restent collés jusqu'aux environs de la Toussaint, époque à laquelle ils viennent se placer sur la vieille écorce. Ils grossissent peu à peu, et sont gros et rouges quant ils occupent le bois.

332. On brosse, en février, avec une brosse de chiendent, sur les parties où l'on a vu de ces punaises, ainsi que le mur contre lequel l'arbre est dressé, et on taille de bonne heure, ce qui débarrasse le pêcher de toutes celles qui sont fixées sur les pousses qu'on supprime. Si on a négligé de prendre ce soin, on s'aperçoit mieux, au mois de mai, de

la présence de ces insectes, et il faut alors, en épluchant l'arbre, avoir soin de les écraser soigneusement avec le doigt avant le 15 mai, car on détruit en même temps les mères et leur progéniture, dont l'éclosion a ordinairement lieu dans la seconde quinzaine de ce mois. Il est d'autant plus utile de détruire les punaises, qu'elles attirent les mouches, les pucerons et les fourmis.

333. *Pucerons.* — Ce sont de très-petits insectes vivant en société sur toutes les parties vertes du pêcher, qu'ils piquent avec leur trompe, et qu'ils épuisent par la déperdition de séve qu'ils occasionnent. Ces piqûres sont la cause des diverses formes contournées que prennent les feuilles, et les couvrent d'une liqueur mielleuse qui y attire les fourmis en grand nombre. Avant que la végétation ait pris son essor, on écrase tous les pucerons qu'on aperçoit en visitant l'arbre; mais, lorsqu'il est vert ou garni de nouvelles pousses, il faut l'enfumer. Pour cela, on couvre le pêcher d'un drap sous lequel on brûle du tabac à fumer mouillé, qu'on sème sur un réchaud plein de charbons allumés. Cette opération doit être faite avec précaution, car on pourrait détruire de jeunes pousses en les mettant en contact avec une fumée trop brûlante. On peut se servir aussi du soufflet à fumigations, qu'on trouve chez les marchands d'ustensiles horticoles.

334. On peut aussi arroser l'arbre à plusieurs reprises avec des décoctions de substances âcres, comme le tabac, des feuilles de noyer, etc.; c'est un bon moyen de détruire les pucerons. Depuis quelque temps j'emploie avec succès des résidus de tabac en poudre; on les répand sur les parties infectées après les avoir bassinées.

335. *Véro.* — Cet insecte, qu'on nomme encore *verdelet*, naît au sein des jeunes bourgeons, et se développe avec eux, en les entourant d'une toile qu'il file avant de mourir. Il est très-agile, et, lorsqu'on lui fait la chasse, on le voit souvent abandonner la feuille ou le bourgeon, et descendre vers la

terre suspendu à un fil qu'il déroule vivement. On conseille d'arroser les arbres soir et matin avec une pompe à main, à pomme percée de trous très-fins, et qui laisse tomber l'eau sur les feuilles en forme de pluie douce. En général, les arrosements donnés de cette manière sont un moyen assez bon contre plusieurs insectes; mais, à Montreuil, nous avons l'habitude de rechercher le véro sur les jeunes pousses, et de l'écraser à mesure qu'on le trouve. Sa destruction n'est pas sans intérêt, car il cause la perte d'un assez grand nombre de bourgeons.

356. *Tigre sur feuille ou grise et tigre sur bois.* — Ainsi nommés à Montreuil parce qu'ils rendent les feuilles et le bois sur lesquels ils s'attachent marqués de points blancs comme une tigrure. Celui qui s'attache aux feuilles paraît très-actif et détruit leur parenchyme ; celui qui se pose sur le bois semble immobile et occasionne le dessèchement de l'écorce. L'un et l'autre apparaissent aux expositions chaudes et dans les temps de sécheresse. C'est donc principalement sur les espaliers des midi et levant qu'on trouve plus particulièrement ces insectes. Pour le tigre sur bois, on mêle avec de l'eau un peu de chaux et de la fleur de soufre ; on en fait une espèce de peinture dont on donne une couche sur l'arbre entier, lorsqu'il est taillé au mois de février. Si l'insecte n'est pas complétement détruit, on recommence l'année suivante, et cela suffit. M. Hervis (Nicolas), l'un de nos bons cultivateurs, réussit parfaitement par ce moyen, qu'il a utilisé le premier. Au lieu d'eau pure, il serait préférable d'employer une décoction de tabac, comme je le pratique dans mes cultures. Pour le tigre sur feuilles, on le détruit avec de la fleur de soufre qu'on répand sur les parties infectées, à l'aide d'un soufflet ou d'une houppe.

337. *Lisette.*—Cet insecte, qui est ailé et pas beaucoup plus gros qu'une puce, est fort difficile à atteindre ; on l'écrase chaque fois qu'on le peut, mais ce moyen est tout à

fait impuissant. Il serait cependant utile d'en débarrasser les pêchers, dont il attaque les jeunes pousses et coupe parfois les bourgeons.

Voici un moyen de destruction que je puis recommander: la lisette s'établit, au printemps, sur les bourgeons et les boutons à fruit des pommiers, dont on sait que la végétation devance celle des pêchers ; en secouant les branches des pommiers au-dessus d'une assiette, on peut y faire tomber les insectes et prévenir ainsi une multiplication sur les arbres fruitiers.

338. *Fourmis.* — Il n'est pas vrai, comme beaucoup de personnes le croient, que les fourmis soient la cause de la présence des pucerons sur les arbres ; ce sont eux, au contraire, qui les attirent par les sécrétions qu'ils occasionnent à leurs bourgeons et autres productions tendres, et que les fourmis ne font qu'entretenir. En effet, on ne voit jamais de fourmis sur les arbres non infestés de pucerons.

339. A Montreuil, nous nous occupons peu de ces insectes, et conséquemment nous n'avons aucun procédé pour les détruire. Je ne ferai donc qu'indiquer deux moyens qui ont déjà été conseillés : le premier est de suspendre aux branches des arbres où les fourmis sont en grand nombre quelques petites bouteilles remplies d'eau miellée, où elles viennent se noyer ; le second est de bouleverser les fourmilières partout où on en trouve, et de répandre même dessus de l'eau bouillante toutes les fois que la fourmilière est suffisamment éloignée des racines d'arbres pour qu'il n'en résulte aucun préjudice pour eux.

340. *Perce-oreilles.* — Ces insectes sont fort désagréables sur le pêcher ; ils mangent les jeunes feuilles, qu'ils découpent comme une dentelle, et attaquent même les fruits. A l'époque du palissage en vert, nous faisons des bottillons de toutes les parties vertes que nous supprimons sur les pêchers, et nous les suspendons contre le mur à différents

endroits. De temps en temps, le matin, on passe avec un chaudron, dans le fond et autour duquel on a mis de la graisse ou de l'huile de poisson, et on secoue dedans tous les bottillons, qui laissent échapper les perce-oreilles qu'ils contiennent ; on remplit le chaudron d'eau qu'on fait bouillir, ou on donne les perce-oreilles aux poules. On peut substituer aux bottillons quelques touffes de salade.

341. *Limaces et limaçons.* — Les limaces et limaçons sucent les jeunes pousses du pêcher et attaquent ainsi les fruits, surtout ceux à peau lisse, un peu avant leur maturité. Les limaces se logent dans les murs mal entretenus, et ne sortent guère qu'après le coucher du soleil ; c'est donc le soir ou le matin, de très-bonne heure, qu'il faut leur faire la chasse et les écraser.

342. Il en est de même des limaçons, dont la grosseur et la lenteur rendent la destruction facile. On est certain de les trouver le matin avant l'évaporation de la rosée ou pendant les temps de pluie.

343. *Taupes.* — Les taupes bouleversent le terrain et éventent les racines par leurs galeries souterraines. On leur tend des piéges qu'on doit toujours avoir à sa disposition, et qu'on se procure tout faits dans les magasins de quincaillerie.

344. *Rats, souris, loirs et mulots.* — Les rats, les souris et les loirs mangent les pêches lorsqu'elles commencent à tourner. On met, avant la maturité, dans de petits pots suspendus au mur, pour que les animaux domestiques ne puissent y atteindre, un appât auquel on a mêlé de la noix vomique. On emploie encore avec succès la pâte phosphorée, dont on forme des petites tartines qu'on pose sur les murs, sur les chaperons, dans les trous, etc. On en détruit aussi beaucoup avec des souricières.

345. Les mulots détruisent les amandes qu'on met en terre ; ils mangent aussi les jeunes bourgeons du pêcher. Le meilleur moyen de s'en débarrasser est d'enterrer de dis-

tance en distance, au pied des murs, des pots semi-circulaires vernissés que l'on nomme pots à mulots (1). Ces pots, à demi pleins d'eau et enterrés à fleur de terre, sont le tombeau de ces petits animaux, lorsqu'ils font leurs courses le long des espaliers.

SECTION IXe. — DES VARIÉTÉS DE PÊCHES BONNES A CULTIVER.

346. En ma qualité de cultivateur de pêchers aux environs de la capitale, j'ai, comme tous mes confrères, cultivé de préférence les variétés les plus productives et en même temps donnant des fruits estimés. Il était rationnel de planter le long de nos murs les arbres qui pouvaient nous offrir des produits assurés, et dont les fruits succèdent les uns aux autres, de manière à pouvoir fournir à la vente depuis le 25 juillet jusqu'au 1er octobre, maximum de la durée accordée à la saison des pêches dans les années ordinaires.

347. A ce compte, je n'aurais à décrire que huit ou neuf variétés de pêches qui, seules, ont trouvé place dans les cultures de Montreuil ; mais, à cause de mes relations avec quelques maisons bourgeoises où j'ai l'honneur d'être appelé pour la direction et la taille de pêchers, je parlerai d'une douzaine, parce que ce sont les meilleurs à cultiver. J'en connais beaucoup d'autres ; car mon école de pêchers établie à Montreuil, depuis trente années, contient une quarantaine de variétés; mais il y en a bien vingt-cinq que je ne crois pas devoir recommander, surtout pour Montreuil, sous le climat de Paris, tout en admettant que d'autres puissent entrer avec succès dans les jardins de certaines localités,

(1) Ils se trouvent chez tous les potiers de terre, rue de la Roquette.

différentes pour le sol ou le climat du pays où je cultive, ou bien encore dans des collections d'amateurs.

348. Je dois faire observer que c'est déjà quelque chose de pouvoir choisir dans une douzaine de variétés de pêchers dont les fruits se succèdent sans interruption du commencement à la fin de la saison ; elles sont, d'ailleurs, les plus productives, et par conséquent celles qui occupent le plus avantageusement le terrain. Quand on cultive des arbres fruitiers, on a généralement en vue l'abondance de la récolte et le désir d'obtenir de bons fruits : il serait donc regrettable d'élever des pêchers de mauvaise espèce ou qui ne donneraient, chaque année, que peu de fruits, tandis qu'un espalier garni des variétés que j'indique assurerait une récolte abondante et de bonne qualité. (*Note XII.*)

PÊCHE PETITE MIGNONNE.

349. Arbre vigoureux, productif. Feuilles lisses, quelquefois froncées près de la nervure médiane, longues d'environ 10 centimètres, larges de 30 millimètres à la base, se terminant en pointes aiguës très-finement dentées sur les bords, à glandes globuleuses.

Fleurs moyennes. Fruits variables de forme, cependant le plus souvent ronds, d'un diamètre de 2 à 3 centimètres, divisés longitudinalement par un sillon peu profond, se terminant, au sommet, par un petit mamelon. Peau mince, duveteuse, d'un beau rouge foncé sur la partie frappée par le soleil ; d'un jaune faible et pointillé de rouge du côté opposé. Chair fine et blanche, à peine veinée de rouge près du noyau, dont elle se détache facilement ; à eau abondante, sucrée et vineuse. Sa maturité arrive, selon les expositions, du 20 juillet au 1er août. Elle se conserve assez bien sur l'arbre. On ne la cultive plus à Montreuil depuis que l'on a obtenu des grosses mignonnes hâtives, qui mûrissent à la fin de juillet, et dont le fruit, beaucoup plus volumineux, est bien préférable.

PÊCHE GROSSE MIGNONNE HATIVE.

350. Arbre vigoureux, productif. Bourgeons menus et très-colorés du côté du soleil. Feuilles grandes, frisées, d'un beau vert, très-finement dentées, à glandes globuleuses peu visibles. Fleurs grandes, belles, d'un rouge vif. Fruits gros, d'un diamètre de 8 centimètres, assez ronds, à peau couverte d'un duvet grisâtre, rouge brun foncé du côté du soleil, pointillé de pourpre sur le peu de vert jaunâtre que conserve la peau du côté de l'ombre, et se pelant facilement. Ils sont partagés par un sillon étroit, peu sensible au sommet, où se trouve une portion aplatie, au centre de laquelle existe un très-petit mamelon. La chair est fine, fondante, succulente, délicate, blanche, excepté sous la peau frappée par le soleil et près du noyau, où elle est teintée de rose vif ou pourpre. Elle adhère au noyau, auquel il reste toujours quelques lambeaux. Celui-ci est de moyenne grosseur, peu allongé, très-rouge et profondément rustiqué. Elle mûrit dans les premiers jours d'août, et quelquefois plus tôt, selon l'exposition. C'est elle qui, à Montreuil, ouvre la récolte des pêches, et la continue pendant près d'un mois.

PÊCHE GROSSE MIGNONNE ORDINAIRE.

351. L'arbre ressemble assez à celui de la précédente ; les feuilles cependant ont une dentelure plus grande et moins pointue, elles ont aussi des glandes globuleuses. Les fleurs sont de même grandeur et d'un rose moins vif. Le fruit est un peu moins gros, à peau également duveteuse, mais moins colorée ; il y a plus de jaune qui est également pointillé de

pourpre, et de plus marbré de cette même couleur. La chair est blanche, fondante, fine, très-parfumée, marbrée de rose pâle autour du noyau, qui est aussi rouge, rustiqué, un peu plus gros, proportion gardée, et qui retient également quelques lambeaux de chair. L'arbre montre la même vigueur et donne aussi d'abondants produits. Elle mûrit huit ou dix jours plus tard que la précédente.

PÊCHE GROSSE NOIRE DE MONTREUIL, GALANDE, BELLEGARDE.

352. Arbre vigoureux, productif. Bourgeons gros. Feuilles grandes, lisses, d'un vert foncé, à glandes globuleuses. Fleurs moyennes, d'un rose vif. Fruit plus gros que la grosse mignonne, plus large que haut, à sillon peu profond. Peau très-adhérente à la chair, d'une teinte rougeâtre presque partout, et d'un brun rouge foncé du côté du soleil. Points et stries pourpres sur la petite portion qui reste d'un jaune légèrement verdâtre ; elle est couverte d'un duvet très-fin. Chair d'un beau blanc, un peu ferme, cependant fine, fondante et de bon goût. Elle est de couleur carmin foncé autour du noyau, qui est peu rustiqué, de moyenne grosseur et de forme longue, aplatie. Elle mûrit en même temps que la grosse mignonne ordinaire. L'arbre est assez sujet au meunier et à la cloque. Il est avantageux pour greffer sur de vieux arbres qu'on restaure ; ses greffes fournissent de très-beaux fruits.

PÊCHE BELLE DE VITRY.

353. Arbre vigoureux, fertile. Bourgeons forts. Feuilles grandes, assez profondément dentées, à glandes globuleuses. La fleur est de première grandeur et d'un rose assez foncé. Le fruit est rond, un peu aplati, de 9 centimètres de diamètre à sillon large et peu profond, l'un des bords plus

bas que l'autre. Il offre quelquefois de petites protubérances. La peau est verdâtre lavé et marbré de rouge sur rouge du côté du soleil, et couverte d'un duvet blanc assez long. La chair est ferme, assez succulente, d'un blanc verdâtre et jaune autour du noyau, avec des veines très-rouges. Le noyau est long, large et plat, pointu et profondément rustiqué. Elle mûrit un peu avant la Belle Bausse.

PÊCHE BELLE BAUSSE.

354. Arbre vigoureux qui paraît être une grosse mignonne perfectionnée par la culture, et qui porte le nom du cultivateur de Montreuil, auquel cette amélioration est due. Ses feuilles et ses fleurs ressemblent à celles de la grosse mignonne hâtive; son fruit en a à peu près la grosseur. Il est, toutefois, plus haut que large. Sa peau est d'un jaune verdâtre finement pointillé de pourpre et couvert de pourpre foncé du côté du soleil. Le duvet est blanc. La chair, fondante, parfumée, de bon goût, est d'un blanc légèrement verdâtre, et rouge autour du noyau, qui est profondément rustiqué, rouge et de moyenne grosseur. Elle mûrit dans la première quinzaine de septembre. Elle a le grave inconvénient de se fendre, dans son sillon, lorsque l'année est pluvieuse.

PÊCHE REINE DES VERGERS.

355. Cette variété n'est pas encore très-répandue, quoique sa culture soit avantageuse; elle succède à la Belle Bausse dans l'ordre de maturité. Sa végétation est vigoureuse et sa fructification abondante. Bourgeons forts; grande longueur dégarnie d'yeux à bois à la base des faux bourgeons. Feuilles grandes, lisses et finement dentées. Fleurs moyennes et d'un rose vif. Fruit gros, plus haut que large. La peau est

couverte, d'un duvet très-épais, qui sert à la protection du fruit dans les transports et emballages ; elle est colorée au moment de la maturité. La chair est rosée, de bon goût, non adhérente au noyau.

PÊCHE DE MALTE.

356. Elle est peu ou point cultivée à Montreuil. L'arbre est assez vigoureux et productif. Ses feuilles sont dentelées assez profondément et sans glandes, ce qui la rapproche des madeleines. Ses fleurs sont grandes, d'un rose pâle. Son fruit est assez rond, quelquefois cependant légèrement comprimé, il est de moyenne grosseur : son diamètre le plus ordinaire est de 5 centimètres et demi. Le sillon s'étend presque également sur les deux côtés, mais il n'est profond qu'au sommet, où il n'y a point de mamelon. Sa peau est marbrée de rouge foncé sur un rouge plus clair du côté opposé au soleil, et d'un vert jaunâtre du côté opposé. Sa chair est blanche, fine, d'une saveur musquée très-agréable. Le noyau est assez gros et renflé du côté de la pointe. Elle mûrit après la Belle Bausse.

PÊCHE MADELEINE DE COURSON, MADELEINE ROUGE.

357. Bourgeons colorés et vigoureux. Feuilles d'un vert foncé, dentelées et surdentelées, de grandeur qui varie de 10 à 13 centimètres en longueur, et de 4 à 4 1/2 en largeur. Point de glandes. Les fleurs sont moyennes, d'un rose foncé. Le fruit est rond, quelquefois un peu aplati du côté du pédoncule. La peau est duveteuse, d'un beau rouge du côté du soleil, se pelant bien. Chair blanche et veinée de rouge autour du noyau et sous la peau colorée par le soleil. Le noyau est plat, ovale, rougé, rustiqué, et retient quelques lambeaux de chair. Cette pêche est fondante, sucrée et

d'une saveur fort estimée. Elle mûrit en même temps que la Malte. Il est bon de faire observer que, pour avoir de belles pêches sur cette variété, il ne faut pas en laisser trop. Elles sont d'autant plus grosses que l'arbre est moins chargé, et très-laides lorsqu'il y a excès.

PÊCHE BRUGNON MUSQUÉ.

358. Cette pêche n'est point cultivée à Montreuil. C'est un arbre vigoureux produisant beaucoup. Ses bourgeons sont gros, longs et rouges du côté du soleil. Ses feuilles sont finement dentées, à glandes réniformes. Ses fleurs sont petites et de couleur rouge. Son fruit est presque rond. Sa peau est lisse, d'un blanc jaunâtre du côté de l'ombre, d'un fort beau rouge violacé du côté du soleil. Sa chair est ferme, cassante, d'un blanc jaunâtre très-rouge autour du noyau. Elle est vineuse, musquée, sucrée, et d'un goût excellent. Son noyau est de moyenne grosseur, très-rouge et très-adhérent à la chair. Ce fruit mûrit dans la deuxième quinzaine de septembre. Il lui faut une exposition chaude.

PÊCHE BONOUVRIER.

359. C'est une variété de la Chevreuse tardive, améliorée au moyen de la culture par un cultivateur de ce nom, résidant à Montreuil. L'arbre, sans être vigoureux, est productif; le bois de l'année est d'un vert frais pourpré du côté du soleil. Feuilles larges, finement dentées, à glandes globuleuses. Les fleurs sont moyennes et d'un rose foncé. Le fruit est gros, plus large que haut, et atteignant souvent jusqu'à 7 centimètres de diamètre. Sa peau est d'un jaune verdâtre, colorée, du côté du soleil, de pourpre clair marbré de pourpre plus foncé et entouré d'un pointillé pourpre très-fin. La

chair est d'un blanc jaunâtre pourpré autour du noyau, qui est profondément rustiqué; elle est fondante et parfumée, et quitte bien le noyau. Sa maturité, selon les années, a lieu de la fin de septembre au 15 octobre. Sa récolte termine à peu près aujourd'hui celle des pêches à Montreuil. Il est bon de tailler court ses petites branches, afin de ne pas trop charger l'arbre, pour avoir des fruits plus beaux.

PÊCHE TETON-DE-VÉNUS.

360. Ce pêcher est vigoureux, ses bourgeons bien développés, ses feuilles grandes, belles, froncées près de la nervure et à glandes globuleuses. Sa fleur est petite, à pétales rose pâle bordé de carmin. Son fruit est gros (9 centimètres de diamètre), à peu près rond, à rainure souvent peu sensible, terminé au sommet par un mamelon gros et pointu. La peau est couverte d'un duvet fin; elle est d'un jaune verdâtre, peu colorée du côté du soleil. La chair est fine, fondante, et a un parfum fort agréable. Elle est blanche, excepté près du noyau, où elle prend une teinte rosée. Celui-ci est de médiocre grosseur, terminé en pointe, et retient de grands lambeaux de chair. Cette pêche mûrit à la fin de septembre. On la cultive peu maintenant à Montreuil, à cause de l'irrégularité de sa maturité, qu'on a beaucoup de peine à obtenir dans les années peu favorables. L'arbre, d'ailleurs, n'est pas productif.

PÊCHE BOURDINE.

361. Arbre grand et vigoureux, promettant souvent plus qu'il ne tient, car il tombe quelquefois beaucoup de fruits quand ils prennent le noyau. Ses feuilles sont grandes, unies et d'un beau vert, à glandes globuleuses. Ses fleurs sont petites, à pétales de couleur carnée, bordés de carmin.

Fruit presque rond, ayant un peu plus de bauteur que de largeur, divisé par un sillon assez profond, avec l'un des côtés souvent plus relevé que l'autre. Sa peau est duveteuse et colorée d'un beau rouge marbré du côté du soleil, quand elle est découverte de bonne heure; elle s'enlève facilement. La chair est fine, fondante, bonne, blanche et rouge veiné autour du noyau à une assez grande épaisseur. Celui-ci est petit et de couleur gris clair; il retient des lambeaux de chair quand on ouvre la pêche. Elle mûrit vers la fin de septembre.

362. Je n'ai pas besoin de dire, je pense, qu'en plantant, à diverses expositions, des pêchers d'une même espèce on peut en avancer ou en retarder la maturité. On produit le même effet en effeuillant plus tardivement les pêchers sur lesquels on veut récolter en dernier. Ces observations suffisent pour qu'on puisse, avec les seules variétés que j'ai décrites, faire durer la jouissance des fruits depuis le 25 juillet jusqu'au delà du 1er octobre, et avoir, pendant cette même époque, plusieurs espèces à la fois.

363. J'ai une septième fois atteint la fin de mon travail; je le livre avec confiance au même public qui a bien voulu accueillir avec indulgence mes premiers essais. J'ose espérer que les efforts que j'ai faits pour l'améliorer prouveront à la fois mon zèle pour la culture du pêcher, ainsi que mon empressement à faire connaître, sans réticence, tout ce que ma pratique et mes observations m'ont appris de nouveau.

NOTES.

NOTE Ire, § 13.

Ce fait a été longtemps contesté, et n'est pas encore généralement admis; cependant, lorsque je l'ai affirmé, il y avait une douzaine d'années qu'au moyen de cette faculté qu'a le pêcher de produire, sous l'influence de la taille, des yeux sur le vieux bois, j'avais restauré les pêchers déformés d'un de mes voisins, ce qui, en **1836**, m'a valu une médaille de la Société d'horticulture de Paris. J'avais aussi, au château de la Haute-Bruyère, dans les environs de Rambouillet, rétabli plusieurs pêchers écrasés par la chute d'un mur, et dont un, qui avait perdu entièrement ses deux ailes, avait repris, cinq ans après, la forme carrée, régulière et complète.

M. le comte Lelieur, qui persiste à soutenir le contraire, a dit, page **115** de sa *Pomone* : « La plupart des arbres que l'on rabat de très-près sur la tige même percent des bourgeons au travers de l'écorce, tandis que le pêcher greffé, qui n'a point cette faculté, mourrait si on le traitait de cette manière. » Et il ajoute en note : « Ceci ne peut s'appliquer au pêcher franc de noyau, qui perce assez souvent de la tige et des grosses branches, lorsqu'il est tenu court. »

Il est étonnant que M. le comte Lelieur, qui prétend avoir posé le premier les seuls vrais principes de la taille du pêcher, dont il s'occupe depuis si longtemps, n'ait jamais vu d'yeux percer sur le vieux bois. Je puis lui montrer, à Montreuil, des arbres, qu'au reste il connaît, qui en offrent des preuves irrécusables, et une commission de la Société royale d'horticulture, qui a vu mes arbres en **1844**, a constaté l'exactitude de ce fait, non sur une exception, mais sur des exemples par centaines. Mais ce qu'il y a de plus étonnant encore, c'est qu'un homme aussi instruit que M. le comte accorde au pêcher franc de noyau une faculté qu'il refuse au pêcher greffé, comme si la greffe avait, dans quelque circonstance que ce soit, changé les habitudes végétatives du sujet.

Il est complétement vrai que le pêcher jouit de la faculté d'émettre des boutons sur toutes ses parties, et je suis le premier qui ait osé l'affirmer. Cette faculté, niée jusqu'ici, était assez importante pour la faire connaître, et c'est pourquoi j'ai cru devoir insister sur ce point.

NOTE II, § 63.

Plusieurs personnes m'ont reproché cette manière d'agir; cependant je persiste toujours dans l'opinion que j'ai émise de ne faire les trous qu'au moment même de planter. Je puis affirmer qu'une terre convenablement préparée d'avance par des labours qui y ont incorporé le fumier est bien plus favorable à la reprise des racines que celle qui est refroidie par les influences atmosphériques de l'arrière-saison. Le plus souvent, la terre enlevée des trous faits à l'avance et relevée sur leurs bords est tellement tassée et plombée, qu'elle ne peut être employée à remplir ces mêmes trous après la plantation, surtout dans les terrains forts, et il faut alors en prendre à la surface du sol qui puisse s'émietter et se diviser comme il est nécessaire ; l'automne de 1845 peut servir de preuve à ce que j'avance. Les inconvénients que je viens de signaler n'existent pas en creusant, au moment de planter, dans une plate-bande ameublie avec soin et dont la terre a été retournée par un défoncement à 65 centimètres. Au surplus, il ne s'agit pas, ici, d'une terre vierge dont on ouvrirait le sein pour la première fois, mais d'un sol façonné par une culture plus ou moins ancienne, et suffisamment imprégné des gaz puisés dans l'atmosphère.

NOTE III, § 66.

Pour que la greffe soit maintenue au-dessus du niveau du sol, il faut tenir compte du tassement du terrain. Il est plus considérable dans les trous que dans un défoncement en tranchées, et dans les sols sablonneux que dans les terres un peu fortes. Le tassement peut être évalué à un dixième de la profondeur du défoncement, et à un huitième de celle des trous lorsque la terre n'est que fraîche, et un peu plus lorsqu'elle est humide. Il faut avoir soin, en plantant, de placer tout d'abord l'arbre de manière qu'il soit à sa véritable hauteur, le tassement compris; car, si l'on était obligé de l'exhausser après avoir couvert les racines de terre, on courrait le risque d'en rompre quelques-unes par une trop forte tension, ou de laisser quelques vides sous la souche.

NOTE IV, § 71.

Il est certain que plus la coupe est rapprochée de l'œil sur lequel on établit la taille, plus son développement est faible; c'est ce qu'on appelle *éventer* un œil (le ralentir). Ce moyen peut être quelquefois employé à l'égard des branches secondaires supérieures, dont la pointe a toujours de la tendance à pousser vigoureusement. On peut aussi l'employer pour toutes les branches dont on veut ralentir la croissance et notamment lorsque dans la formation d'une branche secondaire inférieure on a à craindre que l'œil duquel elle doit naître soit dominé par l'œil terminal combiné qui doit prolonger la branche mère. Pour cela, on fait la coupe toujours en biseau sur cette dernière, mais de façon que son sommet soit juste au-dessus de l'œil, et sa partie opposée un peu au-dessous de lui. Cette pratique, qui exige quelque adresse et dont on ne peut pas calculer l'effet avec une exacte précision, est généralement peu usitée. On ne manque d'ailleurs pas de moyens de ralentir la croissance d'un bourgeon terminal.

NOTE V, § 72.

Pour raccourcir un rameau avec la serpette, on pose le tranchant de la lame du côté opposé à l'œil sur lequel on veut couper, et tant soit peu au-dessus du niveau de cet œil. On fait la coupe en biseau, de manière à la terminer plus haut, à 2 millimètres au moins quand ce sont des rameaux minces mal constitués, à 4 millimètres lorsqu'ils sont gros comme le pouce; cette partie laissée au-dessus de l'œil s'appelle *onglet*.

Quand on opère sur les branches à fruit, car ce qui précède regarde celles de la charpente, il n'y a d'autre soin à prendre, que l'on taille avec la serpente où le sécateur, que de ne pas faire un onglet trop long, qui serait désagréable à la vue; seulement, toutes les fois qu'on rabat une branche à fruit sur son rameau de remplacement, on ne doit pas laisser le plus petit onglet, afin que la séve puisse facilement faire le recouvrement de la plaie.

NOTE VI, § 74.

Bien que ces expressions, *œil terminal combiné*, qui se trouvaient aussi dans ma première édition, m'aient paru suffisamment justifiées par l'explication qui les suit, elles ont cependant été l'objet de plusieurs critiques. On prétendait que, comme on attend quelque chose de chacun des yeux d'un pêcher, ils pouvaient tous recevoir l'épithète de combinés; mais, dans cette critique, on supprimait bénévolement le mot *terminal*. Ainsi, en admettant, si l'on veut, que tous les yeux d'un pêcher soient combinés, on ne peut pas faire que sur une branche taillée il y ait plus d'un œil terminal combiné, puisque tous les autres étant au-dessous de lui ne la terminent pas. Dès lors, j'ai dû conserver cette expression, qui me paraît très-convenable pour distinguer l'œil, sur lequel on taille une branche, de l'œil terminal naturel, dont elle est munie avant la taille.

NOTE VII, § 107.

Il était généralement admis, comme principe positif de la taille du pêcher, que tout bouton à fleur non accompagné d'un bouton à bois était improductif. M. Lelieur, dans la deuxième édition de sa *Pomone*, s'explique ainsi, page 119 : « Il arrive, dans les arbres épuisés, qu'un rameau ne contient que des boutons à fleur qui sont ordinairement stériles, à moins que le terminal ne soit à bois; lorsque ces rameaux ont un œil à bois au talon, on doit s'empresser de les tailler sur cet œil pour en obtenir des bourgeons de remplacement. » Page 120 : « Il est remarquable que le fruit du pêcher ne vient à perfection que lorsqu'il est accompagné d'un bourgeon à bois; il pourrait pourtant arriver qu'un fruit dépourvu de ce bourgeon nourricier fût alimenté par un bourgeon voisin de ce fruit; mais, lorsqu'on taille, on ne doit compter que sur les boutons à fleur accompagnés d'un œil à bois. « Page 143 : » Si on taille sur un bouton à fleur non accompagné d'un œil à bois, le rameau se dessèche dans cette partie jusqu'au premier bourgeon à bois. » Et enfin, page 146 : « Les rameaux qui n'auraient que des boutons à fleur seront supprimés, après qu'on se sera assuré qu'ils n'ont point d'œil à bois au talon; autrement, on pourrait tailler sur cet œil pour obtenir un bourgeon de remplacement. »

Lorsqu'il s'agit de détruire une erreur accréditée et soutenue par de pareilles autorités, il y a lieu de bien vérifier le fait avant de l'entreprendre; c'est pourquoi, dans ma première édition, j'avais dit qu'il arrivait *quelquefois* que des petites branches dépourvues d'œil de pousse nouaient et mûrissaient leurs fruits. Depuis, et notamment en 1844, j'ai obtenu sur mes pêchers à l'exposition de l'est seulement, car, à celle opposée, tous les fruits avaient été détruits par la grêle du mois de juin, plus de quinze cents pêches venues solitairement ou par deux ou trois sur des petites branches dépourvues d'œil à bois. Une telle quantité ne permet pas de considérer ce fait comme une exception, et je ferai remarquer que toutes les variétés cultivées à Montreuil ont fourni de pareils exemples. Une commission de la Société royale d'horticulture est venue alors visiter mes pêchers, et a constaté la vérité de ce que j'avance.

Mais, outre ces fruits ainsi obtenus, j'ai eu une fort belle pêche de la variété grosse mignonne ordinaire, portée au sommet d'une petite branche longue de 3 centimètres, et née sur la vieille écorce à l'insertion de la première branche secondaire supérieure sur la branche mère; une autre au sommet d'une petite branche longue de 15 centimètres, également née sur la vieille écorce d'une branche secondaire supérieure, et une troisième dans les mêmes circonstances. Ces trois exemples prouvent à la fois que le pêcher greffé peut non-seulement repercer sur le vieux bois, mais encore nourrir des fruits sans bourgeons sur la branche qui les porte; ils justifient aussi le fait que j'ai avancé, que les cochonnets ou bouquets de mai percent exclusivement sur le vieux bois, tandis que M. Lelieur dit le contraire, page 119, en ces termes : « Ces riches productions ne prennent naissance que sur le *jeune bois*, et non sur le vieux, comme semble l'indiquer M. Lepère. »

Je ne m'étendrai pas sur les modifications que cette faculté reconnue peut amener dans la taille des arbres ; mais je dirai simplement que tous les cultivateurs qui voudront abandonner la routine ordinaire et suivre les conseils que j'ai donnés de tailler ces sortes de petites branches pour en obtenir des fruits, au lieu de les supprimer comme le dit M. Lelieur, trouveront de fréquentes occasions de se convaincre de l'exactitude de mon affirmation.

NOTE VIII, § 212.

Malgré ce qu'il peut y avoir de bienveillant pour moi dans la critique que M. le comte Lelieur fait de Montreuil, je ne crois pas pouvoir me dispenser de faire remarquer l'exagération qu'il apporte dans l'affligeant tableau qu'il trace des cultures de ce pays. Sans doute il y a des arbres qui, comme je l'ai dit, méritent sa réprobation ; mais c'est une injustice de blâmer en masse et sans distinction tous les cultivateurs de cette commune, et surtout d'avancer qu'il est probable que dans deux siècles ils ne feront pas mieux qu'aujourd'hui. Si M. le comte avait pris la peine de visiter avec plus d'attention les cultures de Montreuil, il aurait vu un assez grand nombre de beaux arbres formés par d'anciens cultivateurs, et il aurait reconnu que beaucoup de jeunes gens se sont pénétrés des vrais principes qui doivent diriger la taille, et qu'ils la pratiquent avec l'intelligence nécessaire.

Dans son exagération, M. Lelieur veut bien au moins appuyer son opinion sur des motifs plus ou moins spécieux. Mais que dire de M. d'Albret, qui condamne la forme à la Montreuil sans daigner en déduire la moindre raison, comme s'il était un oracle aux décisions duquel il faille obéir aveuglément ? Au reste, en lisant le § 1 de son chapitre troisième, page 223, intitulé *Résumé de la taille à la Quintinie, à la Montmorency et à la Montreuil*, on ne sait ce qu'on doit le plus admirer de son talent pour faire un résumé qui ne résume rien, ou de l'assurance avec laquelle il rend des arrêts non motivés. Toutefois, ce qui attire sur notre commune, dont on n'a pas *craint d'avancer que la méthode (de taille)* était préférable à toutes celles connues, tandis que, selon lui, *il faut convenir que les cultivateurs de ce pays n'ont rien gagné pendant un siècle*, les foudres d'éloquence du bouillant professeur, c'est que là, comme partout où on a quelque idée du pêcher, son système a été repoussé, et ses leçons dédaignées.

NOTE IX, § 229.

Il est bon, je pense, de donner quelques explications sur ce qui pourrait paraître difficile à comprendre dans ce qui s'est passé entre M. le comte Lelieur et moi relativement à cet espalier, et dont il a donné une figure dans sa *Pomone française*, deuxième édition, et au sujet de laquelle il a inséré, page 130, la note suivante :

« Quoique M. Lepère vienne d'annoncer, dans son ouvrage sur le *Pêcher carré*, qu'il s'occupe d'élever des pêchers comme on élève la vigne à la Thomery, nous ne croyons pas que, par crainte d'être taxé de plagiaire, nous devions priver nos lecteurs du dessin de cette forme que *nous avons en portefeuille depuis longtemps*. Nous ignorons, du reste, jusqu'à quel point notre dessin et nos moyens d'exécution sont conformes à ceux employés par M. Lepère, qui lui-même n'a vraisemblablement connu la forme que l'on donne à la vigne à Thomery que dans la *Pomone*, puisque personne avant nous n'en a fait mention. Dans tous les cas, nous ne réclamons ni invention ni priorité, notre instruction et notre ouvrage étant le résultat de l'instruction générale de l'époque. »

Voici les faits tels qu'ils se sont passés : M. le comte Lelieur, avant la publication de la deuxième édition de sa *Pomone*, est venu plusieurs fois visiter mes cultures, mais toujours en s'efforçant de garder le plus strict incognito. Il a eu d'autant plus de tort, que si je l'avais connu, je me serais empressé de lui témoigner tous les égards qu'il mérite, tandis que son obstination à taire son nom, ainsi que celui de la personne qui l'accompagnait, lui a valu une réception plus que froide à la dernière visite qu'il a faite à mes cultures, réception qui devait être ce qu'elle a été, mais que j'ai regrettée lorsque le hasard m'a appris le nom des deux visiteurs inconnus. Mais déjà il avait été mis en présence de mon espalier en cordons, et un simple examen, pour un homme aussi exercé que M. le comte, suffisait pour qu'il en fît le dessin. Il y a, d'ailleurs, des circonstances qui, sans fournir la preuve matérielle, font naître des présomptions fâcheuses, et ici il s'en rencontre une ; c'est que la figure donnée par M. Lelieur ne représente que cinq cordons, nombre exact de ceux formés alors sur mon espalier, qui en compte six aujourd'hui. Au reste, je n'ai vu nulle part de pêchers ainsi formés, et M. Jacques, jardinier du roi à Neuilly, est le seul qui m'ait dit avoir vu des pêchers en palmette à la pépinière du Roule dirigée par M. Dupetit-Thouars, et encore n'est-il pas certain qu'ils aient été disposés en cordons horizontaux.

Je dois ajouter qu'à la première édition de mon livre j'ignorais l'existence de la *Pomone* et de son auteur, que je n'ai connus que parce qu'on m'a signalé les critiques qu'il avait faites de mon ouvrage dans sa seconde édition. Si donc il est arrivé que nous nous soyons rencontrés sur quelques points, cela vient indubitablement de ce que la nature n'a pas eu pour moi plus de secrets que pour lui ; et, en effet, pourquoi n'aurais-je pas pu reconnaître aussi bien que lui les caractères évidents de la végétation du pêcher et en tirer les conséquences qui en découlent forcément ?

Il suit clairement de là que je n'ai pas lu, dans cet ouvrage, la description de la méthode employée à Thomery pour la conduite de la vigne. C'est sur les lieux mêmes que j'ai étudié ce mode de culture, et cela ne doit pas étonner les personnes qui connaissent la vie active des cultivateurs, auxquels il reste trop peu de temps pour lire.

En formant sur le pêcher des palmettes à cordons horizontaux, je n'ai jamais eu l'envie de demander un brevet d'invention, mais l'unique désir de prouver, par un exemple vivant, la possibilité, pour des mains habiles, de donner au pêcher telle forme que ce soit.

J'ai cru devoir reproduire textuellement cette note, imprimée dans ma deuxième édition du vivant de M. Lelieur.

NOTE X, § 308.

Ce paragraphe a été l'objet d'une critique que je crois peu loyale, en ce sens qu'on a prétendu, et M. le comte Lelieur tout le premier, que je conseillais d'appliquer ce moyen à des pêchers usés. On vient de voir qu'il n'en est rien. Aujourd'hui qu'il est prouvé que le pêcher reperce sur le vieux bois, rien de ce que j'avais dit n'est impossible. Ainsi voici l'expression de ma pensée dans ma première édition : lorsqu'un pêcher bien conduit succombe sous les atteintes inévitables du temps, on ne doit lui donner que des soins qui peuvent retarder sa mort, tant qu'il produit encore de bons fruits en suffisante quantité. Mais un pêcher jeune encore, devenu caduc avant le temps par suite d'une mauvaise direction, peut être rétabli par un ravalement complet. Je n'ai pas dit qu'on réussissait toujours ; mais, ayant pour moi l'expérience du succès d'un pareil procédé, je ne méritais aucun blâme pour le conseiller.

Je me sers aussi, dans le même article, des mots *refoulement de séve*, qu'on a déclarés impropres, parce qu'on a prétendu que la séve ne se refoulait pas, mais qu'elle s'ouvrait de nouveaux canaux lorsqu'on la contrariait dans sa marche. Je suis d'accord sur les efforts que peut faire la séve arrêtée pour se frayer d'autres routes ; mais, comme ces nouvelles issues ne s'ouvrent pas instantanément, que fait ce fluide durant l'intervalle qui s'écoule entre l'amputation qui l'arrête et le moment où il est parvenu à se créer de nouveaux débouchés ? Le bon sens n'indique-t-il pas que, aussitôt l'amputation faite, la masse de séve qu'attiraient les productions supprimées arrive jusqu'à l'aire de la coupe et, ne pouvant aller plus loin, arrête celle qui la suit, d'où résulte une sorte de mouvement répulsif qui se propage jusqu'aux racines et qui n'a pas d'autre cause que le trouble produit par cette suppression subite ? Il est facile de concevoir que, dans cette circonstance, le fluide séveux accumulé agit fortement en tous sens, et parvient ainsi à se créer une ou plusieurs issues.

NOTE XI, § 318.

Je ne partage pas l'opinion de M. Lelieur, qui considère cette maladie comme organique, et dit qu'elle peut se transmettre par la greffe. Je crois être dans le vrai en la signalant comme le résultat des intempéries printanières. L'auteur que je viens de citer semble être aussi de cet avis, puisqu'il conseille d'ajouter, aux chaperons, des paillassons de 50 centimètres de saillie. En effet, à quoi servirait cette précaution, si la cloque n'avait pas pour unique cause les influences atmosphériques ?

NOTE XII, § 348.

J'ai présenté, il y a déjà quelque temps, à la Société centrale d'horticulture de France, une étude sur la classification des pêchers, suivant leur ordre de maturité, basée sur la grandeur de leurs fleurs ; cet essai a donné lieu à une longue discussion et à des objections assez peu favorables à mon système ; ce que je regrette, tout en ayant la persuasion que, plus tard, on reviendra sur ce sujet, et on ajoutera plus de confiance à des assertions qui ne sont, après tout, que le résultat de mes observations et de l'expérience que je crois avoir acquise.

Disons d'abord que je n'avais pas eu l'intention d'établir une classification botanique ; mon désir était seulement d'indiquer aux propriétaires de jardins fruitiers les espèces qu'ils devaient choisir pour obtenir des fruits pendant toute la saison où l'on peut voir mûrir les pêches, depuis la fin de juillet jusqu'en octobre. Je ne leur voulais pas dire : Parmi les 100 ou 150 variétés connues des botanistes, pas même parmi les 40 ou 50 espèces que cultivent les pépiniéristes, tel pêcher portera des fruits mûrs à telle époque, et les indications que je base sur la grandeur des fleurs donnent l'époque de maturité. Non, je leur disais : Parmi les 10 ou 12 espèces que je préfère à toutes et que l'expérience m'a indiqué de cultiver à l'exclusion des autres dans mon jardin de Montreuil, guidez-vous sur la grandeur des fleurs pour connaître leur ordre de maturité, et choisissez, suivant cette indication, les espèces que vous voudrez planter, selon que vous voudrez des fruits précoces, de pleine saison, ou tardifs, et, si vous avez un grand emplacement, choisissez de même vos plants pour avoir des fruits de toutes les saisons et mûrissant successivement, au lieu d'avoir des pêchers vous donnant tous leurs fruits en même temps.

Je divise donc les pêchers en trois catégories, suivant la grandeur de leurs fleurs ; dans la première, je place les grandes fleurs à corolle très-ouverte et en général d'un rose très-clair ; elles se rapportent aux espèces hâtives qui sont la Mignonne hâtive, la Mignonne ordinaire, la Belle Bausse, la Belle de Vitry et la grosse Mignonne tardive (celle-ci étant une sorte d'intermédiaire entre la première et la seconde saison).

Dans la seconde catégorie je place les pêchers à moyennes fleurs, dont la corolle n'est, pour ainsi dire, qu'à demi ouverte et d'un rose plus foncé, comparativement à celle des grandes fleurs ; c'est ainsi que l'on voit les fleurs des variétés que j'appellerai de seconde saison, à savoir : la Galande ou Noire de Montreuil, la Magdelaine de Courson, la Chevreuse et la Bonouvrier (variété de Chevreuse). La Reine des vergers, dont la fleur et le feuillage sont si bien caractérisés qu'on la reconnaît très-facilement quand on l'a examinée une fois, doit être rangée comme intermédiaire entre les fruits de la seconde et de la troisième saison ; il en est de même des pêches jaunes, comme Admirable et Pêche-abricotis.

Enfin, dans la troisième catégorie, je place les arbres à petites fleurs.

Je désigne ainsi les fleurs serrées, en forme de boutons, dont les pétales ne s'étalent point ou fort peu, et sont d'un rose moins foncé que dans les moyennes fleurs ; ces mêmes pétales sont courts et débordés par les étamines. La catégorie des petites fleurs comprend les variétés réellement tardives, telles que le Teton-de-Vénus et la Bourdine.

Je pourrais citer encore d'autres variétés à petites fleurs ; parmi les 40 variétés que je cultive, il y en a bien une vingtaine à petites fleurs que je regarde comme peu dignes d'être recommandées, au moins sous le climat de Montreuil et de Paris ; elles sont toutes tardives.

La question que j'ai soulevée à la Société d'horticulture, et qui a donné lieu, ainsi que je viens de le dire, à quelque controverse, est loin d'être vidée ; elle doit être regardée comme étant encore à l'étude. Il ne faut rien poser d'absolu dans ce genre d'observation ; on remarquera que je ne viens pas dire que quelques variétés n'entrent pas dans la saison de celles qui fructifient après, car tout le monde sait qu'il y a des arbres sur lesquels on peut cueillir des fruits pendant un mois de temps ; cela dépend de la vigueur de la végétation de l'arbre.

Quoi qu'il en soit, cette étude doit rendre service aux horticulteurs; car, lorsqu'on sera fixé à l'égard de l'époque de maturité des fruits, on ne sera plus exposé, pour répondre au but qu'on se propose, à mettre en place un arbre qu'on sera obligé de regreffer trois ans après. Il faut donc continuer cette étude ; c'est ce que je me propose de faire, et j'engage tous les horticulteurs à s'y livrer également, afin de tâcher d'obtenir ainsi des renseignements d'où puisse surgir une lumière instructive pour tous.

TABLE ALPHABÉTIQUE

DES MATIÈRES

ET VOCABULAIRE DES TERMES TECHNIQUES

EMPLOYÉS DANS LE COURS DE L'OUVRAGE.

NOTA. Les chiffres qui suivent chaque article sont les numéros des paragraphes et non ceux des pages. Les articles que n'accompagne aucune indication numérique appartiennent seulement au Vocabulaire.

Accidents qui contrarient la formation du pêcher, 329, 330.

Aile. C'est la moitié d'un arbre établi en espalier sur deux branches mères.

Aisselle. Intérieur de l'angle formé par une feuille, un bourgeon, un rameau et même une branche à leur jonction sur la partie où ils ont leur attache.

Allongement de la taille. Ses effets, 165.

Amandier. Il sert de sujet pour la greffe du pêcher, 38, 39. — Manière de le planter, 42. — Généralement préféré par les pépiniéristes, 52.

Amputation. Retranchement d'une partie quelconque. — Comment on doit les faire, 307.

Animaux. Ceux nuisibles au pêcher, 331 et suiv.

Arête. C'est ainsi qu'on nomme les deux lignes de branches à fruit qui garnissent dessus et dessous les branches charpentières d'un pêcher. — Moyen de remplir les vides qui peuvent s'y former, 121, 122.

Arrosement. Il est utile d'arroser par un temps sec, 314. — Contre les pucerons, 333. — Contre le véro, 335.

maintenues à la même hauteur, par allusion aux espèces de chandeliers de ce nom. — Pêcher en candélabre, 280 et suiv.

Caractères qui distinguent les variétés de pêchers, 5.

Chaperon. Hauteur du mur en forme de toit. — Saillie qu'il faut lui donner, 60.

Chargement. C'est faire produire à une aile ou à une branche quelconque du pêcher une plus grande quantité de bourgeons ou de fruits qu'on ne le ferait, si sa vigueur ne dépassait pas celle de sa parallèle. — En bois, 165. — En fruits, 167.

Charpente. Ce sont toutes les branches à bois d'un pêcher. Elle diffère, conséquemment, selon la forme qu'on lui donne.

Classification des pêchers suivant la maturité des fruits d'après la grandeur des fleurs. Note XII.

Cire à greffer. Espèce de mastic dont on couvre les amputations et les plaies; on peut la composer en faisant fondre ensemble et mélangeant intimement :

Poix de Bourgogne.	64	parties.
Poix noire.	16	
Cire jaune.	8	
Résine.	4	
Suif de mouton.	4	

Autre composition à employer tiède :

Poix de Bourgogne. . . .	500	grammes.
Poix noire.	125	—
Résine.	125	—
Cire jaune.	100	—
Suif.	60	—

Cloque. Maladie du pêcher, 318 à 321.

Cochenille. Insecte nuisible au pêcher, 331.

Cochonnet. C'est le synonyme de **Bouquet de mai,** dans la langue vulgaire des Montreuillois. On a critiqué ce terme dans la première édition, à tort, selon moi, puisque c'est une expression consacrée, et que les mots ne doivent valoir que pour l'acception qu'on leur attribue, 92.

Conclusion, 362.

Cordons. Ce sont les branches secondaires du pêcher formé en palmette. — Restent sans taille jusqu'à ce que la formation soit complète, 243. — Sont taillés après, 244. — Endommagés, 252.

TABLE DES MATIÈRES.

NOTES.

Paris. — Imprimerie de madame veuve Bouchard-Huzard, rue de l'Éperon, 5.

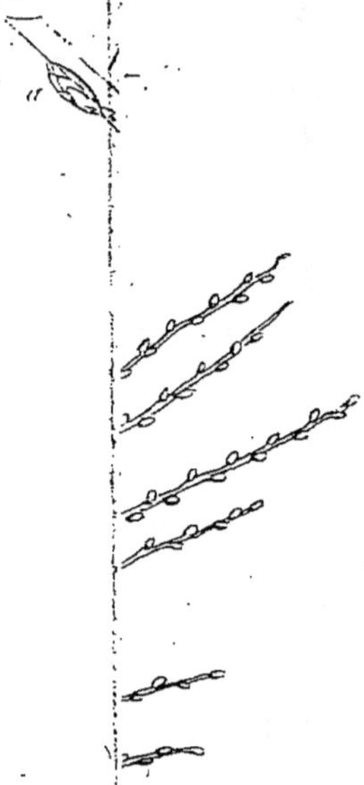

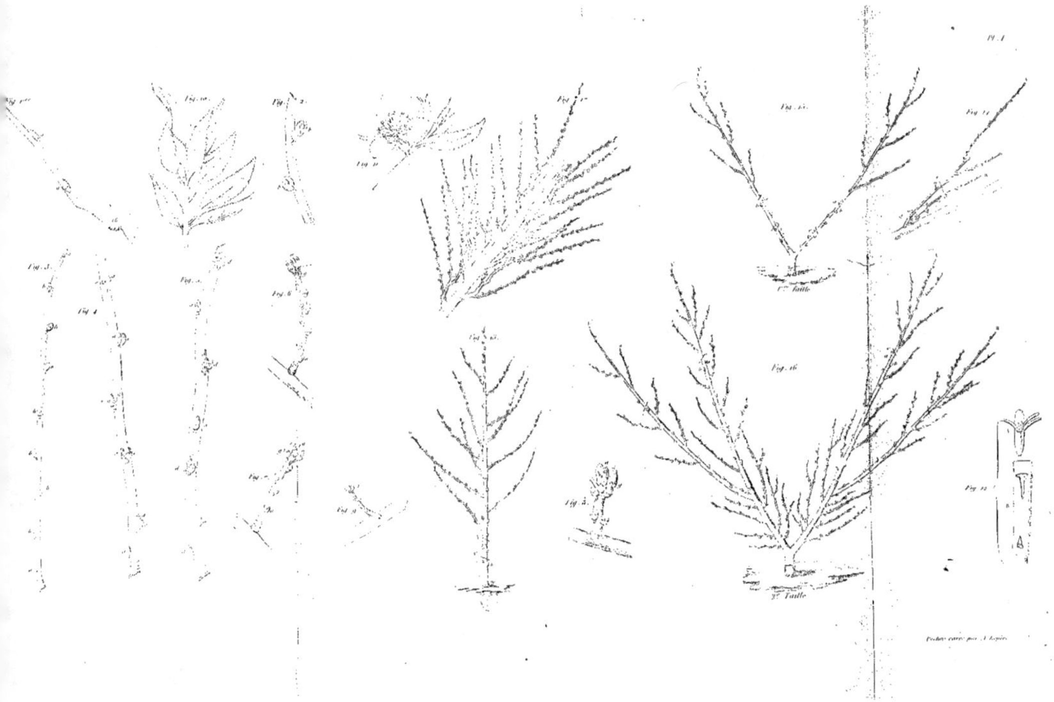

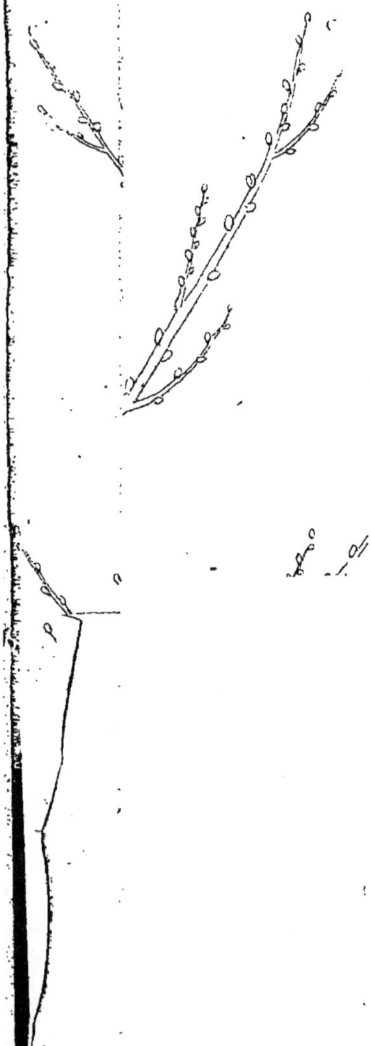

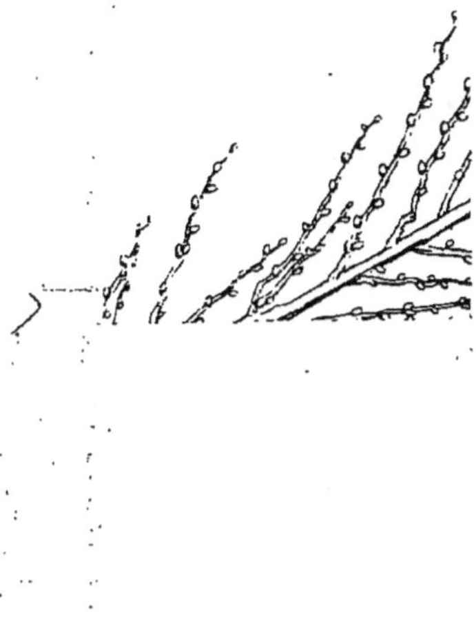

Pl. III

Pl. IV.

ans de Plantation

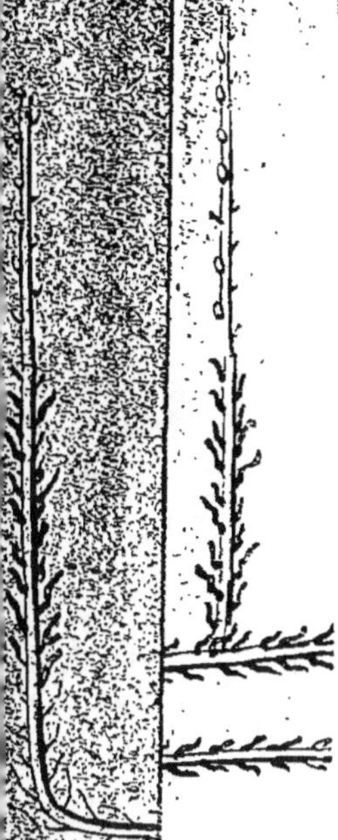

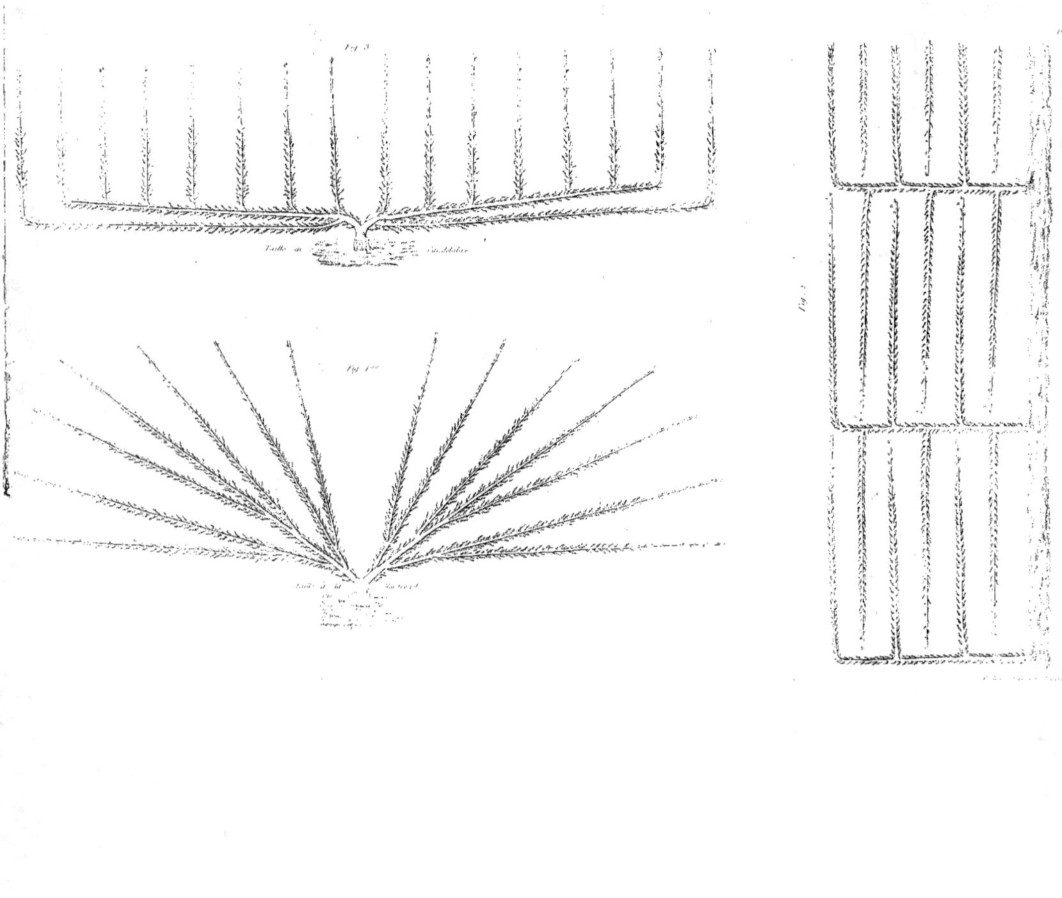
Fig. 3
Taille en candélabre
Fig. 1re

Pl. VI.

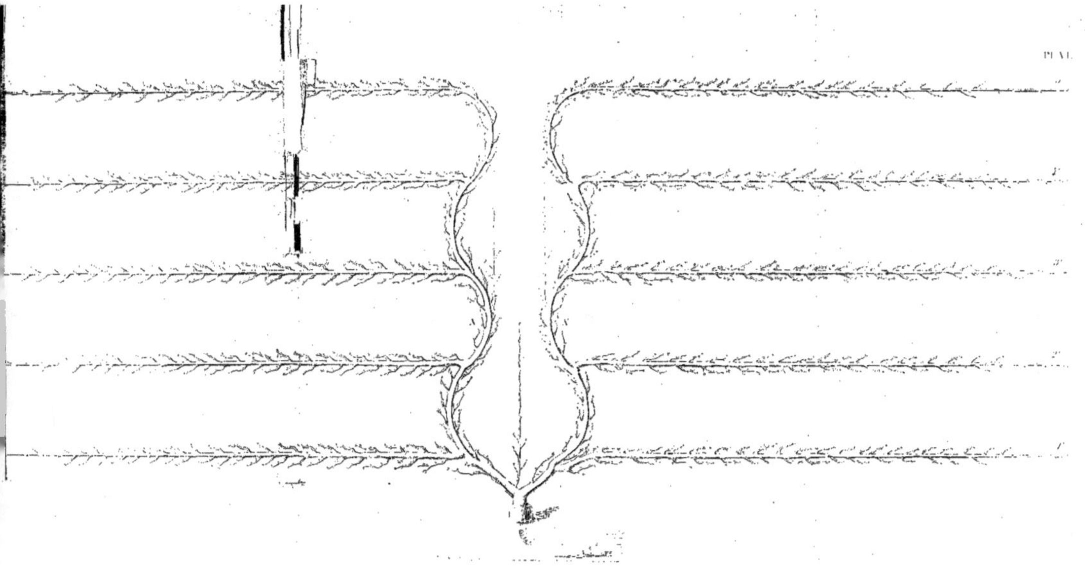

PECHER en LYRE

Des cultures d'Alexis Lepère

LE NAPOLÉON

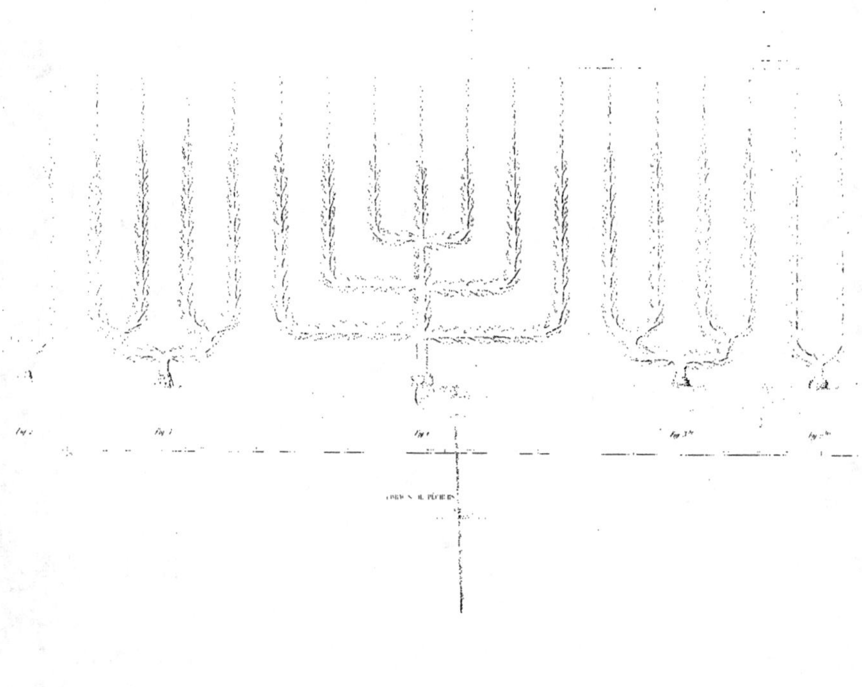

www.ingramcontent.com/pod-product-compliance
Lightning Source LLC
LaVergne TN
LVHW021513140926
848035LV00047B/1054